基于 Sigma-Delta 调制器的传感器信号处理技术

刘云涛 著

哈尔滨工程大学出版社
Harbin Engineering University Press

内容简介

本书系统介绍了Sigma-Delta调制器的基本原理、结构、类型和特点，以及基于Sigma-Delta调制技术的微机械加速度计信号处理系统、CMOS图像传感器信号处理系统的电路设计分析。

本书可作为电子工程领域的高年级本科生、研究生、研究人员，以及电子行业工程师的参考书。

图书在版编目(CIP)数据

基于Sigma-Delta调制器的传感器信号处理技术/刘云涛著. —哈尔滨：哈尔滨工程大学出版社，2022.4
ISBN 978-7-5661-3426-4

Ⅰ.①基… Ⅱ.①刘… Ⅲ.①传感器-信号处理-研究 Ⅳ.①TP212

中国版本图书馆CIP数据核字(2022)第043960号

基于Sigma-Delta调制器的传感器信号处理技术
JIYU Sigma-Delta TIAOZHIQI DE CHUANGANQI XINHAO CHULI JISHU

选题策划 刘凯元
责任编辑 刘凯元
封面设计 李海波

出版发行 哈尔滨工程大学出版社
社　　址 哈尔滨市南岗区南通大街145号
邮政编码 150001
发行电话 0451-82519328
传　　真 0451-82519699
经　　销 新华书店
印　　刷 哈尔滨午阳印刷有限公司
开　　本 787 mm×960 mm　1/16
印　　张 10.5
字　　数 208千字
版　　次 2022年4月第1版
印　　次 2022年4月第1次印刷
书　　号 ISBN 978-7-5661-3426-4
定　　价 58.00元
http://www.hrbeupress.com
E-mail:heupress@hrbeu.edu.cn

前　言

随着传感器信号处理精度的不断提高，具有低速、高精度特点的 Sigma-Delta 调制技术在各种微型传感器的接口电路中被广泛应用。

本书系统介绍了 Sigma-Delta 调制器的基本原理、结构、类型和特点，以及基于 Sigma-Delta调制技术的微机械加速度计信号处理系统、CMOS 图像传感器信号处理系统的电路设计分析。本书可作为电子工程领域的高年级本科生、研究生、研究人员，以及电子行业工程师的参考书。

本书的研究工作得到了国家自然科学基金重大科研仪器研制项目（62027814）资助。

由于著者学识有限，时间仓促，书中难免有不足之处，恳请各位读者批评指正。

著　者
2021 年 10 月

目　录

第1章　引　　言

传感器(sensor)是一种检测装置,用于感应自然界的模拟信息,并能将感受到的信息,按一定规律变换成电信号或其他所需形式的信息,以满足信息的传输、处理、存储、显示、记录和控制等要求。

随着电子计算机、生产自动化、现代信息、军事、交通、化学、环保、能源、海洋开发、遥感、宇航等科学技术的发展,传感器的应用已渗入国民经济的各个部门以及人们的日常文化生活之中。可以说,从太空到海洋,从各种复杂的工程系统到人们日常生活的衣食住行,都离不开各种各样的传感器,传感技术对国民经济的发展起着巨大的作用。

1.1　传感器的主要应用

1. 传感器在工业检测和自动控制系统中的应用

传感器在工业自动化生产中占有极其重要的地位。在石油、化工、电力、钢铁、机械等加工工业中,传感器在各自的工作岗位上起着相当于人们感觉器官的作用,它们时刻按需要完成对各种信息的检测,再将大量测得的信息通过自动控制、计算机处理等进行反馈,用以进行生产过程、质量、工艺管理与安全方面的控制。在自动控制系统中,电子计算机与传感器的有机结合在实现控制的高度自动化方面起到了关键的作用。

2. 传感器在汽车中的应用

目前,传感器在汽车中的应用,已不再局限于行驶速度、行驶距离、发动机旋转速度。为了减少交通事故和对环境的危害,传感器在一些其他设施上,如汽车安全气囊系统、防盗装置、防滑控制系统、防抱死装置、电子变速控制装置、排气循环装置、电子燃料喷射装置及汽车"黑匣子"等都得到了实际应用。可以预测,随着汽车电子技术和汽车安全技术的发展,传感器在汽车领域的应用将更为广泛。

3. 传感器在家庭生活中的应用

传感器在家用电器中的应用已十分普遍,在电子炉灶、自动电饭锅、吸尘器、空调、电子热水器、热风取暖器、风干器、报警器、电熨斗、电风扇、游戏机、电子驱蚊器、洗衣机、洗碗机、电冰箱、电视机、录像机、录音机、收音机、电唱机及家庭影院等方面得到了广泛的应用。随着生活水平的不断提高,人们对家用电器产品的功能及自动化程度的要求越来越高。为满足这些要求,首先要使用能检测模拟量的高精度传感器,以获取正确的控制信息,再由微型计算机进行控制,使家用电器的使用更方便、更安全、更可靠,并减少能源消耗,为更多的家庭创造一个舒适的生活环境。目前,家庭自动化的蓝图正在设计之中,未来的家庭将由作为中央控制装置的微型计算机,通过各种传感器代替人监视家庭的各种状态,并通过控制设备进行各种控制。家庭自动化的主要内容包括安全监视与报警、空调及照明控制、耗能控制、太阳光自动跟踪、家务劳动自动化及人身健康管理等。

4. 传感器在机器人上的应用

目前,在劳动强度大或危险作业的场所,机器人已逐步取代人的工作。一些高速度、高精度的工作,由机器人来承担也是非常适合的。要使机器人和人的功能更为接近,以便从事更高级的工作,要求机器人能有判断能力,这就要给机器人安装物体检测传感器,特别是视觉传感器和触觉传感器,使机器人通过视觉对物体进行识别和检测,通过触觉对物体产生压觉、力觉、滑动感觉和质量感觉。这类机器人被称为智能机器人,它不仅可以从事特殊的作业,而且可以从事一般的生产和家务。

5. 传感器在医疗上的应用

随着医用电子学的发展,仅凭医生的经验和感觉进行诊断的时代将会结束。现在,应用医用传感器可以对人体的表面和内部温度、血压及腔内压力、血液及呼吸流量、肿瘤、脉波及心音、心脑电波等进行检测。显然,传感器对促进医疗技术的发展起着非常重要的作用。

6. 传感器在环境保护方面的应用

目前,大气污染、水质污染及噪声污染已严重地破坏了我们赖以生存的环境和地球的生态平衡,这一现状已引起了世界各国的重视。为保护环境,利用传感器制成的各种环境监测仪器正在发挥着积极的作用。

7. 传感器在航空、航天方面的应用

在航空、航天的飞行器上应用着各种各样的传感器。为了解飞机或火箭的飞行轨迹,并把它们控制在预定的轨道上,就要使用传感器对其进行速度、加速度和飞行距离的测量。要了解飞行器飞行的方向,就必须掌握它的飞行姿态,飞行姿态可以使用红外水平线传感器陀螺仪、阳光传感器、星光传感器及地磁传感器等进行测量。此外,对飞行器周围的环境、飞行器本身的状态及内部设备的监控也都要通过传感器进行检测。

8. 传感器在遥感技术方面的应用

所谓遥感技术，简单地说就是从飞机、人造卫星、宇宙飞船及船舶上对远距离的广大区域的被测物体及其状态进行大规模探测的一门技术。在飞机及航天飞行器上主要使用近紫外线传感器、可见光传感器、远红外线传感器及微波传感器。在船舶上向水下观测时多采用超声波传感器。要探测某些矿产资源埋藏在哪些地区，就可以利用人造卫星上的红外接收传感器向地面发出红外线，然后由人造卫星通过微波再发送到地面站，经地面站计算机处理，便可根据红外线分布的差异判断出埋有矿藏的地区。目前，遥感技术已在农林业、土地利用、海洋资源、矿产资源、水利资源、地质、气象、军事及公害等领域得到了广泛应用。传感器的主要应用如图 1.1 所示。

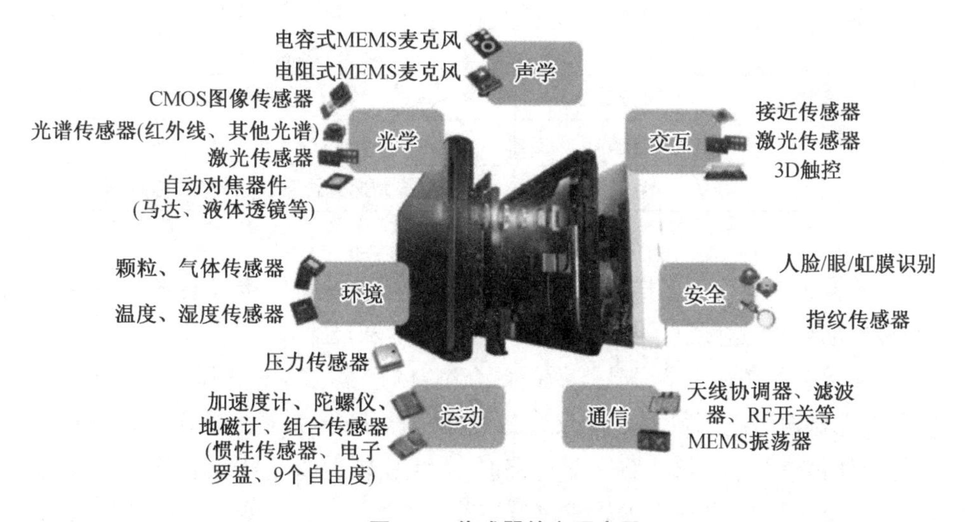

图 1.1 传感器的主要应用

1.2 传感器接口电路

传感器由感应自然信号的敏感单元和处理传感器输出模拟信号的接口电路两部分组成，这两部分共同决定了传感器的性能。进入传感器的信号幅度是很小的，而且混杂有干扰信号和噪声。为了方便随后的处理过程，首先要将信号整形成具有最佳特性的波形，有时还需要将信号线性化，该工作是由放大器、滤波器及其他一些模拟电路完成的。在某些情况下，这些电路的一部分是和传感器部件直接相邻的,成形后的信号随后转换成数字信号,并输入到微处理器。因此,传感器还包含了信号成形器的电路部分。

随着各种传感器的发展,处理电路成为制约传感器性能的瓶颈。由于传感器种类繁多,传感器输出形式也各式各样,表 1.1 中列出了传感器的一般输出形式。

表 1.1　传感器的一般输出形式

输出形式	输出变化量	传感器例子
开关信号型	机械触点	双金属温度传感器
模拟信号型	电子开关	霍尔开关式集成传感器
	电压	热电偶、磁敏元件
	电流	光敏二极管
	电阻	热敏电阻、应变片
	电容	电容式传感器
	电感	电感式传感器
其他	频率	多普勒速度传感器、谐振式传感器

传感器输出形式多种多样,以往各种传感器都具有定制的接口电路,往往采用 PCB 板级电路形式,这限制了接口电路的性能、成本和尺寸。

下面对传感器的输出信号特点做简单介绍:传感器的输出信号一般都比较微弱,有的传感器输出电压最小可能仅有零点几个微伏;传感器的输出阻抗都比较高,这样会使传感器信号输入到测量电路时,产生比较大的信号衰减;传感器的输出信号动态范围很宽;传感器的输出信号随着物理量的变化而变化,但它们之间不一定是线性比例关系;传感器输出信号大小会受温度的影响。

不论什么样的输出形式,传感器的输出信号都具有以上几个特点,所以接口电路的目的就是要提高测量系统的测量精度和线性度,抑制系统噪声,并且处理后的信号应成为可供测量、控制使用及便于向微型计算机输入的信号形式。因为在后续处理中我们都是对电压信号进行处理,所以对于不同传感器,其接口电路的区别就是将什么样的信号形式转化为电压。因此接口电路也可以制作成通用型的,至少可以检测几种信号形式,如电阻、电流、电容、电压等的信号。这样采用 CMOS 工艺制作的传感器接口电路具有低成本、小尺寸、高性能、强通用性等特点。表 1.2 中列出了典型的几种传感器接口电路形式。

表1.2 典型的几种传感器接口电路形式

接口电路	信号预处理的功能
阻抗变换电路	在传感器输出为高阻抗的情况下,变换为低阻抗,便于检测电路准确拾取传感器的输出信号
放大电路	将微弱的传感器输出信号放大
电流电压转换电路	将传感器的电流输出转换成电压
电桥电路	将传感器的电阻、电容、电感变化转换为电流或电压
频率电压转换电路	把传感器输出的频率信号转化为电压或电流
电荷放大器	将电场型传感器输出产生的电荷转换为电压
有效值转换电路	在传感器为交流输出的情况下,将有效值变为直流输出
滤波电路	通过低通滤波器消除传感器噪声成分
线性化电路	在传感器的特性不是线性的情况下,进行线性校正
对数压缩电路	当传感器输出信号的动态范围较宽时,用对数电路进行压缩

1.3 传感器接口电路的主要特性

对于传感器系统而言,表征传感器静态特性的主要参数有线性度、灵敏度、迟滞、重复性、漂移及分辨力等。

1. 线性度

线性度是指传感器输出量与输入量之间实际关系曲线偏离拟合直线的程度。其值为全量程范围内实际特性曲线与拟合直线之间的最大偏差值与满量程输出值之比。

2. 灵敏度

灵敏度是输出量的增量与引起该增量的相应输入量增量之比。通常用 S 表示灵敏度。

3. 迟滞

传感器在输入量由小到大(正行程)及输入量由大到小(反行程)变化期间,其输入输出特性曲线不重合的现象称为迟滞。对于同一大小的输入信号,传感器的正行程和反行程输出信号大小不相等,这个差值称为迟滞差值。

4. 重复性

重复性是指传感器在输入量按同一方向进行全量程连续多次变化时，所得特性曲线不一致的程度。

5. 漂移

漂移是指在输入量不变的情况下，传感器输出量随时间变化的现象。产生漂移的原因有两个：一是传感器自身结构参数；二是周围环境（如温度、湿度等）。

6. 分辨力

当传感器的输入从非零值缓慢增加时，在超过某一增量后输出会发生可观测的变化，这个输入增量称为传感器的分辨力，即最小输入增量。

接口电路是构成传感器系统的主要部分，其性能要求是由传感器系统决定的，主要包括线性度、噪声特性、动态范围、上电重复性和失调。

由于输出电压范围的限制，传感器的灵敏度与量程之间存在一定的关系，灵敏度越高，量程就越小。对于电路而言，可以通过信号的放大或缩小来调整灵敏度与量程之间的折中关系。分辨率和量程决定了系统的动态范围，为了保证传感器灵敏单元的信号都能被检测到，要求电路的动态范围大于传感器敏感单元的动态范围。除此之外，功耗、上电重复性、失调也是电路要考虑的因素。

随着智能传感器应用的兴起，高端的传感器接口电路还应具有以下几个功能。

(1)信息存储和传输——随着全智能集散控制系统（smart distributed system）的飞速发展，要求智能单元具备通信功能。通信网络以数字形式进行双向通信，是智能传感器的关键标志之一。智能传感器通过测试数据传输或接收指令来实现各项功能，如增益的设置、补偿参数的设置、内检参数的设置、测试数据的输出等。

(2)自补偿和计算功能——多年来从事传感器研制的工程技术人员一直为传感器的温度漂移和输出非线性进行大量的补偿工作，但都没有从根本上解决问题。而智能传感器的自补偿和计算功能为传感器的温度漂移和非线性补偿开辟了新的道路。因此，放宽传感器加工精密度要求，只要能保证传感器的重复性好，利用微处理器通过软件对测试的信号进行计算，采用多次拟合和差值计算方法对漂移和非线性进行补偿，即可获得较精确的测量结果。

(3)自检、自校及自诊断功能——普通传感器需要定期检测和标定，以保证它在正常使用时具备足够的准确度。因此要求将传感器从使用现场拆卸后送到实验室或检验部门进行检测标定，在线测量传感器出现异常则不能及时诊断。智能传感器自诊断功能可以在电源接通时通过电路输出激励信号，驱动传感器模拟正常工作状态进行自检，诊断测试以确定组件有无故障；根据使用时间可以在线进行校正,微处理器利用 EPROM 内的计量特性数据进行对比校对。

1.4 Sigma-Delta 调制技术在传感器电路中的重要作用

传感器在应用时要用到计算机、微处理器和其他的一些数字器件,因此数字化、智能化是集成传感器的重要发展方向。传感器采集的是自然界的模拟信号,因此数字化的集成传感器需要完成模数转换(A/D)功能,Sigma-Delta 调制技术是实现数字传感器最好的方式之一。传感器的敏感结构特性带宽通常较窄,因此可以很容易地获得很高的过采样率(OSR),从而有效地抑制噪声,提高传感器系统性能;Sigma-Delta ADC(即模数转换器)很大部分由数字电路实现,这不仅便于单片集成,而且同时采用更低的电源电压,可以极大地降低芯片功耗,这对于处于长期工作的野外监测传感器尤为重要;Sigma-Delta ADC 对模拟电路的要求也大大降低,不需要采样保持电路,不需要高精度的比较器,电路更容易在低电源电压下实现,使得 Sigma-Delta ADC 较其他类型的 ADC 具有更好的鲁棒性和性价比。

Sigma-Delta 调制器采用过采样和噪声整形的方法,以速度换取精度,极大地抑制了量化噪声及部分电路噪声,可以获得很高的信噪比,广泛地应用在音频、通信系统中。任何 A/D 转换器都包括三个基本的功能:抽样、量化与编码。抽样过程将模拟信号在时间上离散化使之变成抽样信号,量化将抽样信号的幅度离散化使之成为数字信号,编码则是将数字信号最终表示成为数字系统所能接受的形式。实现这三个功能的方法和途径决定了 A/D 转换器的形式和性能。

传统的 Nyquist A/D 转换器基本都是线性脉冲编码调制(LPCM)型,或简称为 PCM A/D 转换器。PCM A/D 转换器大都严格按照抽样、量化和编码的顺序进行。首先根据抽样定理用模拟信号对重复频率等于抽样频率的脉冲串进行幅度调制,将模拟信号变成脉冲调幅信号,然后对每一个样值的幅度进行均匀量化,最后根据需要的码制用二进制码元来表示量化电平的大小。对于一个 n 位的 A/D 转换器,每一个样值都编成 n 位码,这种均匀量化的编码过程,在通信调制编码理论中称为线性脉冲编码调制。目前,使用的绝大部分 A/D 转换器,如并行比较型、逐次逼近型和积分型都属于这种类型。这种类型的 A/D 转换器根据抽样值幅度的大小进行量化编码,一个分辨率为 n 位的 A/D 转换器其满刻度电平被分为 2^n 个不同的量化等级,为了能区分这 2^n 个不同等级,需要相当复杂的比较网络和极高精度的模拟器件。当位数 n 较高时,比较网络的实现是十分困难的,因而限制了转换器分辨率的提高。同时,在用 A/D 转换器构成采集系统时,为了保证转换过程中样值不发生变化,必须在转换之前对样值进行抽样保持,A/D 转换器的分辨率越高,这种要求越显得重要,因此在一些高精度的采集系统中,在 A/D 转换器的前端除了设置抗混叠滤波器外还需设置专门的抽样保持电路,从而增加了采集系统的复杂度。

另一类所谓的增量调制编码型 A/D 转换器不是直接根据抽样数据的每一个样值的大小进行量化编码,而是根据前一样值和后一样值之差即所谓增量的大小进行量化编码,在某种意义上它是根据模拟信号的包络形状进行量化编码的。过采样 Sigma-Delta ADC 就是采用这种编码方法,它由模拟的 Sigma-Delta 调制器和数字抽取滤波器组成,如图 1.2 所示。Sigma-Delta 调制器以极高的采样频率对输入模拟信号进行采样,并对两个采样之间的差值进行低位量化(常为 1 位),从而得到用低位数码表示的数字信号码,然后再将这种低位码流送给第二部分的数字抽取滤波器进行抽取滤波,从而得到高分辨率的线性脉冲编码调制的数字信号,因此数字抽取滤波器实际上相当于一个码型变换器。Sigma-Delta 调制器具有极高的采样频率,通常要比 Nyquist 频率高很多倍。这种 A/D 转换器采用了较低位的量化器,避免了 LPCM 型 A/D 转换器需要制造高精度比较器的困难;另一方面又采用 Sigma-Delta 调制技术和数字滤波技术,可以获得极高的分辨率,且和数字电路工艺兼容。同时由于其采用低位量化,输出码流对抽样幅值不敏感,并且抽样和编码可以同时完成,几乎不花时间,因此不需要采样保持电路,这样就可以使系统大大简化,对模拟电路的要求也大大降低。与传统的 PCM 型 A/D 转换器相比,增量调制型 A/D 转换器实际是采用高采样速率来换取高位量化,即以速度换精度的方案。

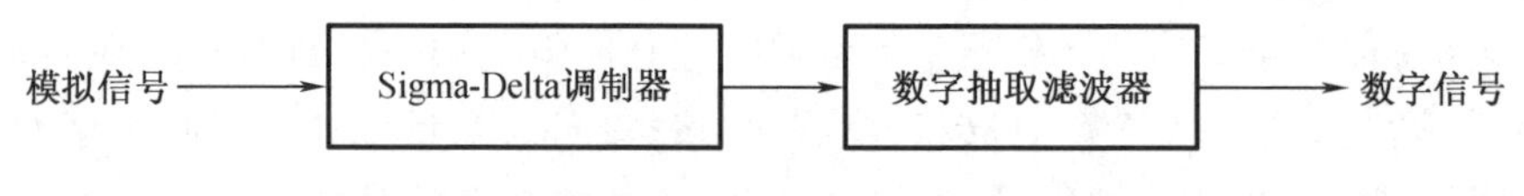

图 1.2　过采样 Sigma-Delta ADC 基本结构

Sigma-Delta 调制技术在传感器中的应用不同于在通信及音频系统中的应用,对于集成 MEMS 传感器,如微机械加速度计的敏感结构可以看作质量 - 弹簧 - 阻尼的振动系统,具有二阶传输特性,其传输函数具有两个极点和低通频率响应特性,如果把敏感结构包围在反馈环中,敏感结构就起到二阶积分器作用,这样该闭环系统就提供了噪声整形的功能。敏感结构本身具有二阶低通特性,另外,传统的 Sigma-Delta ADC 常用来处理动态连续的信号,如音频、通信信号等,它要求 ADC 的输入是一个连续动态的波形,不含有直流分量,因此处理此类信号时不关注 ADC

的静态特性,而只重视频谱特性及 SNR 等动态指标。需要指出的是,与 Nyquist ADC 不同,传统的 Sigma-Delta ADC 不是一个点对点的转换,它需要持续工作,并且输入、输出不具有一一对应的关系。

在传感器应用中,传感器输出信号通常为直流或低频交流信号,对其转换,不仅需要绝对的高精度,很高的微分非线性误差和积分非线性误差,而且具有点对点的转换要求,不能容忍失调(offset)和增益误差(gain error),传统的 Sigma-Delta ADC 不能满足应用要求。

在本书中,将介绍两种具有代表性的 Sigma-Delta 调制技术,即 MEMS 加速度计和 CMOS 图像传感器在传感器中的应用。MEMS 加速度计的传感器敏感结构本身具有噪声整形的作用,是机械和电学相结合的 Sigma-Delta 调制器;CMOS 图像传感器输出为直流电压信号,需要结合 Nyquist AD 和 Sigma-Delta AD 特点的增量 Sigma-Delta ADC 来完成模数转换。本书将在后续章节中详细介绍这两种 Sigma-Delta 调制技术的应用。

第 2 章　Sigma-Delta 调制器的基本原理及主要结构

ADC 即模数转换器,其基本作用是把在时域内幅度连续变化的模拟信号转换为时域上离散、幅值被量化的等效数字信号。经过几十年的发展,ADC 已经有多种类型,如并联比较型、积分型、逐次逼近型、压频变换型、流水线型和 Sigma-Delta 型。根据采样率可将 ADC 归为两种类型:传统的 Nyquist ADC 和过采样 ADC。上述几种结构除 Sigma-Delta 型为过采样 ADC 外,其他都属 Nyquist ADC。过采样 Sigma-Delta ADC 避免了对元器件匹配精度的较高要求,能够实现传统 Nyquist ADC 达不到的精度。本章将介绍 Sigma-Delta 调制器的基本原理及主要结构。

2.1　ADC　简　介

ADC 是随着计算机技术和数字处理技术的发展而发展起来的电路系统,其功能是将时间和幅度上都连续的模拟信号转换为相对应的在时间和幅度上都离散的数字信号。A/D 转换通常包括采样和量化两个基本过程,它们分别将模拟信号在时间上和幅度上离散化。

A/D 转换器的结构框图如图 2.1 所示,它通常由前置抗混叠滤波器、采样保持电路、量化器和编码电路组成。

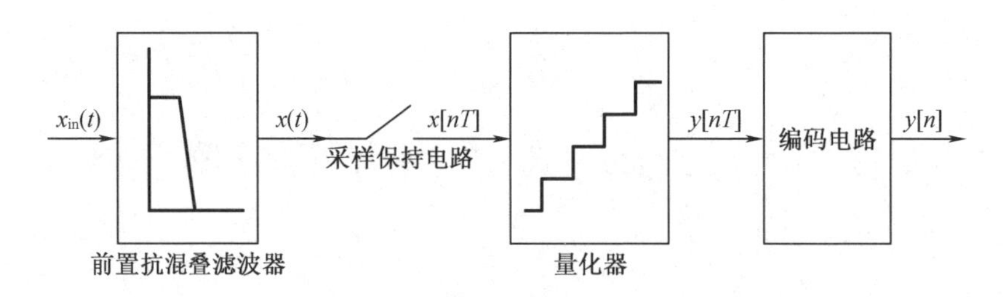

图 2.1　A/D 转换器的结构框图

前置抗混叠滤波器是一个截止频率小于 $f_s/2$(f_s 为采样频率)的低通滤波器,它将输入信号 $x_{in}(t)$ 中高于 $f_s/2$ 的频率分量移除,以免采样时引入高频信号而产生混叠失真;采样保持电路由开关和存储元件(通常为电容)组成,它对滤波后的信号以频率 f_s 进行均匀抽样,产生离散时间信号 $x[nT]$;量化器将抽样值 $x[nT]$ 与量化参考值进行比较,输出时间和幅值都离散的信号 $y[nT]$;最后,编码电路按一定的规则将量化输出表示为相应的二进制数码。

采样定理定义了一个模拟信号可精确恢复所必需的采样速率——至少应是模拟信号最高频率的两倍(Nyquist 频率)。根据采样率的不同,ADC 可分为 Nyquist ADC 和过采样 ADC。

2.1.1 Nyquist ADC

Nyquist ADC 使用 Nyquist 频率进行信号采样,按照产生输出信号所需时钟周期的数目可以分为一次一字(word-at-time)、一次一部分(partial-word-at-a-time)、一次一位(bit-at-a-time)和一次一级(level-at-a-time)等结构。Nyquist ADC 每完成一次数据转换都必须进行比较、减法等敏感操作,这些都由复杂的模拟电路来实现。在处理高精度信号时,对元件匹配要求很高,因此,在目前的 CMOS 工艺条件下,要用 Nyquist ADC 实现高精度转换就必须依靠误差校验和误差校正技术。然而,这种设计是以更复杂的电路和更大的芯片面积为代价的,所以有必要开发能够代替这种技术且实现更高精度转换处理的结构。

Nyquist ADC 的典型结构有全并行型、逐次逼近型、流水线型等,它们的技术发展较成熟,价格较低,在目前的 ADC 市场上使用最为广泛。

2.1.2 过采样 Sigma-Delta ADC

过采样 Sigma-Delta ADC 是基于幅度的精度和时间的精度之间的折中关系。换言之,在 Nyquist ADC 中每个码字来自对单个输入信号采样的精确量化,而在过采样 Sigma-Delta ADC 中每个输出来自一系列经过粗量化的输入采样信号。因此,过采样 Sigma-Delta ADC 以远高于 Nyquist 频率的采样速率对输入信号进行采样。

过采样 Sigma-Delta ADC 主要分为直接过采样型、预测噪声型和噪声整形型(即 Sigma-Delta 调制型)三个类别。Sigma-Delta 调制 ADC 不仅使用过采样技术,还使用噪声整形技术,它对量化噪声频谱进行整形而信号频谱保持不变,速度和精度折中后效率更高。

过采样 Sigma-Delta ADC 的结构框图如图 2.2 所示,其主要由前置抗混叠滤波器、模拟 Sigma-Delta 调制器和数字抽取滤波器三部分组成。

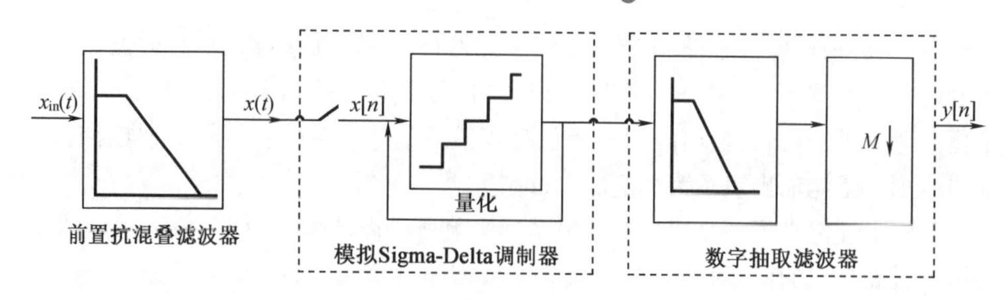

图 2.2　过采样 Sigma-Delta ADC 的结构框图

过采样 Sigma-Delta ADC 中的前置抗混叠滤波器的作用和 Nyquist ADC 中的相同，滤除信号中高于 $f_s/2$ 的部分以避免发生频谱混叠；Sigma-Delta 调制器主要由积分器和量化器构成的反馈回路组成，它以极高的采样频率对滤波器的输出模拟信号进行采样，并对相邻两个采样值之间的差值进行低位量化，从而得到表征输入信号平均值的低位数码流（一定幅值的不等宽脉冲）；数字抽取滤波器由低通滤波器和抽样器组成，它先对模拟 Sigma-Delta 调制器的输出数码流进行低通滤波以衰减信号带宽外的噪声，然后用 Nyquist 频率对低通滤波后的调制器输出进行重采样，最终得到 Nyquist 频率的高分辨率数字信号。

过采样 Sigma-Delta ADC 利用过采样技术、噪声整形技术和数字滤波技术增加有效分辨率，其实质是以高采样速率换取高分辨率，从而减小实现高精度 ADC 的复杂性。

过采样 Sigma-Delta ADC 与 Nyquist ADC 相比，对前置抗混叠滤波器的性能要求降低，采用开关电容电路后也不需要单独的采样保持电路，而且由于其大部分转换处理是在数字域进行的，其模拟电路部分相对简单，因此对元件匹配精度要求较低。

2.2　ADC 性能指标

精度、速度、功耗和芯片面积是 ADC 的主要性能指标，它们是相互联系、相互制约的。评估一个 A/D 转换器的性能需要多方面综合考虑，但由于 ADC 最基本的功能是把一个连续模拟信号精确地量化成离散的数字信号，因此它的分辨能力是最主要的评价指标。通常情况下，通过静态特性和动态特性来分别评估 ADC 对直流信号和交流信号的分辨能力。

2.2.1 量化特性

量化是对信号进行幅度上的离散化。在一个均匀的量化器中,输入信号按量化间隔被分成若干区间,每一个量化区间对应一个输出代码。对于一个 N 位量化器,输入范围为 V_{ref} 时,其量化间隔为 $\Delta = V_{ref}/2^N$。每个量化区间内有无限的模拟值,但仅有一个数字值与之对应,因此量化器的输入与输出间必然存在误差,该误差称为量化误差或量化噪声。衡量量化器分辨率的重要指标是动态范围,其大小常取决于量化噪声。因此,在估计 ADC 的分辨率时,首先要考虑量化噪声的影响。

量化器具有一些非线性特性,为了简化分析,可将量化噪声用白噪声模型代替,即认为量化噪声是一个均匀分布在$[-\Delta/2, \Delta/2]$内的平稳独立随机变量,其概率分布密度为常数$f_e(x) = 1/\Delta$,则量化噪声平均功率为

$$P_e = \int_{-\infty}^{\infty} e(x)^2 f_e(x)\,dx = \frac{1}{\Delta}\int_{-\frac{\Delta}{2}}^{\frac{\Delta}{2}} e(x)^2\,dx = \frac{\Delta^2}{12} \tag{2.1}$$

2.2.2 静态特性

静态特性指 A/D 转换器在处理静态信号(在时间轴上幅度保持恒定的信号)时所表现出的一些内部属性,主要包括一些由体系结构、电路设计、版图设计及工艺偏差引入的非理性属性,如失调误差、增益误差、微分非线性误差、积分非线性误差等。

1. 失调误差(offset error):失调误差是指实际 A/D 转换曲线对理想 A/D 转换曲线在横坐标上的平移,具体可用第一个码转换时所对应的模拟信号值与理想转换值之差表示。

2. 增益误差(gain error):增益误差反映了实际 A/D 转换曲线与理想 A/D 转换曲线在转换范围上的差异。一个有增益误差的转换曲线相当于理想转换曲线与一个常系数相乘的结果。

3. 微分非线性误差(differential nonlinearity, DNL):微分非线性误差是指 ADC 的实际代码宽度与理想代码宽度之间的最大偏差。

4. 积分非线性误差(integral nonlinearity, INL):积分非线性误差指理想的 A/D 转换曲线的代码中点连线是一条直线,实际 A/D 转换曲线的代码中点与这条直线之间的最大偏差。

上述误差中,微分非线性误差和积分非线性误差来自设计中元器件失配、放大器的非理想性等因素,可通过优化结构和改善设计来减小;失调误差和增益误差一般不影响 A/D 转换器的精度,多数 ADC 的静态特性可通过外部电路调整消除。

2.2.3 动态特性

动态特性是指 A/D 转换器以一定的频率对时变信号进行转换时所表现出的性能，通常用频域来衡量。它的主要指标包括输出信噪比、动态范围、有效位数，以及信号与噪声加谐波失真比。这些参数常用正弦输入信号下对 ADC 输出码做快速傅里叶变换（FFT）进行测量。

信噪比（signal to noise ratio，SNR）：信噪比是 ADC 输出端的信号功率和噪声功率之比，是评价 ADC 的一个重要指标，它表明了 ADC 所能辨别的最小输入信号的能力。实际的 ADC 的噪声包括采样噪声、量化噪声、随机噪声、谐波畸变引起的噪声等，但分析中通常我们只考虑影响较大的量化噪声。

对于传统的理想 Nyquist ADC，量化噪声的平均功率为 $P_e = \frac{\Delta^2}{12}$，其大小与量化间隔成正比。对幅度为 V_{ref} 的正弦输入信号，其功率为 $P_s = \left(\frac{V_{ref}}{(2\sqrt{2})}\right)^2$，则可得 N 位 ADC 的最大信噪比为

$$\mathrm{SNR} = 10\lg\left(\frac{P_s}{P_e}\right) = 20\lg\left(\frac{\frac{V_{ref}}{(2\sqrt{2})}}{\frac{\Delta}{\sqrt{12}}}\right) = 20\lg\left(2^N\sqrt{\frac{3}{2}}\right) = 6.02N + 1.76\ \mathrm{dB} \tag{2.2}$$

动态范围（dynamic range，DR）：其定义为 ADC 所能处理的最大信号与最小信号功率之比，常用量化器满刻度输入时的信号功率与量化噪声功率之比表示。对于 N 位的 Nyquist ADC，其动态范围为

$$\mathrm{DR} = \frac{3}{2}\cdot 2^{2N} = 6.02N + 1.76\ \mathrm{dB} \tag{2.3}$$

信噪失真比（signal to（noise + distortion）ratio，SNDR）：其定义为 ADC 输出端的信号功率与总的噪声和谐波功率之比，用于度量 ADC 处理基带内最大信号的能力及 ADC 的线性度，其大小与输入信号频率有关。

有效位数（effective number of bits，ENOB）：其用于表征 ADC 的精度，可表示为

$$\mathrm{ENOB} = \frac{\mathrm{SNDR} - 1.76}{6.02} \tag{2.4}$$

由于 Sigma-Delta ADC 的量化过程与 Nyquist ADC 完全不同，其输出与输入不是一一对应关系，用静态特性不能描述它的性能，因此 Sigma-Delta ADC 的性能指标通常只用动态特性进行估测。

2.3 过采样 Sigma-Delta ADC 优点

Nyquist ADC 主要由采样、保持、量化等模拟电路构成，不同的结构在转换速度、分辨率、功耗方面各有优势，如并联比较型的转换速度最快，压频变换型的分辨率最高，逐次逼近型的功耗最小。但这类电路有一个共同的缺陷，即元器件的匹配误差大小决定了该 ADC 所能达到的精度，而且需要高性能的前置抗混叠滤波器以避免信号采样时产生频谱混叠失真。随着集成电路尺寸的缩小、电源电压的降低，元器件的匹配敏感度变得很高，设计高性能模拟集成电路的难度越来越大，实现传统的、高精度的 Nyquist ADC 已存在相当大的困难。同时，为了适应多媒体通信技术的飞速发展及高新技术领域的数字化进程的不断加快，人们对信号处理系统提出了更高的要求，如希望有更高的精度、速度及更低的成本和功耗，能够采用与标准的数字 CMOS 相兼容的工艺以提高整个系统的可靠性与集成度等。为了满足这些需求，并充分利用现代 VLSI 工艺的高速、高集成度的优点，兼具低匹配要求、高精度、高线性度且与数字 VLSI 工艺完全兼容等优点的过采样 Sigma-Delta ADC 已经被广泛应用到模数转换器中。

过采样 Sigma-Delta ADC 主要由 Sigma-Delta 调制器和数字抽取滤波器构成。作为过采样 Sigma-Delta ADC 的核心部分，具有噪声整形特性的 Sigma-Delta 调制器的性能直接影响转换器的精度，因此对它的研究和设计就显得尤其重要。本章的主要工作是分析 Sigma-Delta 调制器的基本结构和原理，在此基础上采用适当的结构完成其主要模块的电路级设计。

过采样技术以远高于 Nyquist 频率的速率对信号进行采样，根据信号抽样理论，提高采样频率能有效地提高信噪比，因而能提高 ADC 的转换精度。过采样 Sigma-Delta ADC 避免了对元器件匹配精度的较高要求，能够实现传统 Nyquist ADC 达不到的精度，已成为实现中低速、高精度 ADC 的主要技术。过采样 Sigma-Delta ADC 具有以下独特的优点。

1. 高精度

随着计算机技术的发展，人们对 ADC 的精度要求也越来越高，而相对传统方法实现的转换器而言，更高的转换精度对应的是更高的元件精度要求，而更高的元件精度要求往往意味着更低的成品率和更高的制造成本。过采样 Sigma-Delta ADC 应用过采样和噪声整形技术，能有效提高转换精度。目前，Sigma-Delta ADC 已经是高精度转换器的主流方向。

2. 高线性度

Sigma-Delta ADC 的线性度非常高，这是因为 Sigma-Delta 调制器的结构是用一个内部精度较低的转换器来转换模拟信号，然后运用过采样噪声整形原理扩展转换器的动态范围。由于内部转换器的精度要求较低，所以可以得到比较高的线性度。

3. 便于和数字系统集成

在集成电路生产中，数字电路的设计工具和方法比较成熟。集成电路生产工艺通常是针对数字电路进行优化的，而 ADC 属于大规模数模混合电路，其关键部分往往是模拟电路。现代电子系统的趋势是需要高精度的模拟电路，由于 Sigma-Delta ADC 对模拟元件的精度没有很高的要求，因此可以用和数字电路工艺完全兼容的生产条件进行生产，所以 Sigma-Delta ADC 可以方便地和数字电路集成，实现真正意义上的系统集成。

2.4 过采样 Sigma-Delta ADC 的发展历史及研究现状

2.4.1 过采样 Sigma-Delta ADC 的发展历史

Philips 和 Roermund 在其 2006 年出版的专著中对 Sigma-Delta ADC 的发展历史进行了系统的回顾。早在 1952 年，Jager 就提出了 Delta 调制器的概念。此调制器的前向通路中只有一个量化器，而在反馈回路中包含一个环路滤波器，这样信号和量化噪声同时经过滤波后被反馈回来，最后得到经过滤波后的信号和量化噪声输出，之后，Cutler 提出利用反馈来改善普通量化器的信噪比。

1962 年，Yasuda 和 Murakami 提出了 Sigma-Delta 调制器的概念，即在 Delta 调制器的前端加入环路滤波器，并将其移入 Delta 调制器的内部环路中；最简单的环路滤波器是一个积分器。这样，整个系统在前向通路中包含一个积分器及一个一位量化器，在反馈通路中包含一个一位数模转换器(DAC)。因为这个系统包含了积分模块和差值模块，因此被称为 Sigma-Delta 调制器。

1977 年，Ritchie 等研究了高阶 Sigma-Delta 调制器，即在前向通路中将几个积分器级联以增加环路滤波器的阶数，这种结构可实现更高的信噪比，但存在系统稳定性问题。

1986 年，Hayashi 等提出将几级低阶 Sigma-Delta 调制器级联以达到高阶稳定效果的设计方法，称为 MASH(multi-stage noise shaping modulator)结构。在这种结构中,后一级调制器的输入为前一级的量化噪声,并用噪声抵消逻辑运算,消除前一级的量化噪声,最后的输出中量化噪声只剩下最后一级被调制后的部分。另一种改善 Sigma-Delta ADC 性能的方法是采用多位内部量化器,但这同时也要求在反馈回路中使用多位 DAC,多位 DAC 有限的线性度限制了整个 ADC 的线性度。直到 1989 年 Carley 才提出用动态单元匹配来减少 DAC 非线性影响的理论。

1990 年,Leslie 和 Singh 提出了一位 DAC 和多位 ADC 的结构,该结构能同时达到很好的线性度和很低的量化噪声。同时,很多国外学者提出了带通 Sigma-Delta 调制,即将 Sigma-Delta 调制的中心频率调制到非零频率。目前,带通 Sigma-Delta 调制器已成为国内外研究的热点,目的是为数字无线器件提供有效的信号处理。

2.4.2 过采样 Sigma-Delta ADC 的国内外研究现状

目前,国际上过采样 Sigma-Delta ADC 的主要研究方向和成果如下。

1. 噪声整形技术

不同结构 Sigma-Delta 调制器的噪声抑制能力有很大的不同,比如某二阶的调制器对噪声的抑制能力也许高过某三阶的调制器。对于同阶的调制器来说,不同的参数将导致不同的噪声整形能力,如何能在结构上或基于某种结构的参数上进行优化来达到最佳噪声抑制效果是对噪声整形技术的研究目的。比如 Akiar Yasuda 提出的三阶噪声整形动态单元匹配技术(NSDEM),在理论上能够很好地改善高阶 Sigma-Delta 调制器信噪比。

2. 稳定性技术

由于高阶调制器中的开关电容积分器、量化器容易产生过载,如何能够在实现好的噪声整形的同时达到高稳定度也是一个研究方向。目前,提出的提高稳定度的方法分为三类:第一类是用稳定的低阶(一阶、二阶)调制器级联而成高阶调制器(MASH 结构);第二类是采用多位量化器、多电平反馈结构;第三类是针对高阶单环路调制器,主要方法是通过限制调制器输入范围、改变各积分器输出信号、外加检测过载信号并复位网络,以及使用前馈和反馈网络等来置稳。

3. 低电压

现代消费类电子产品和便携式电子产品通常使用单节电池或两节电池供电,供电电压一般为 1.5 ~3.6 V,并且要求有比较长的工作时间,而电池容量是有限的,这就要求采用低功耗电路,因此,迫切需要低电压、低功耗的转换器。目前,对于 Sigma-Delta ADC 的低电压研究大多在 Sigma-Delta 调制器的积分器和比较器上。

例如,使用阈值较低的晶体管,通过优化它们的结构达到低功耗的目的。此外,在积分器中使用单极运放也是设计低功耗转换器的常用方法。

4. 多位结构

多位结构的 Sigma-Delta 调制器可以提高转换速率和分辨率,并且能够增加调制器的稳定性。多位结构调制器中含有一个 N 位的并行 ADC 和一个 N 位 DAC,这种结构要在大规模混合信号集成电路中实现很困难,其线性度也比一位结构差。最近,有研究人员采用所谓的数据加权平均法(DWA)的动态单元匹配技术(DEM)来提高多位调制器的信噪比。

5. 带通 Sigma-Delta ADC

大多数产品化的 Sigma-Delta ADC 均为输入低通型,带通 Sigma-Delta ADC 可以直接将带通模拟信号转换为数字信号,满足了当信号带宽较窄但信号中心频率却很高的情况,大量应用于无线通信领域。

我国的微电子工业发展比较晚,在 ADC 方面的研究还处于起步阶段。从目前取得的成果来看,大多数采用的方式都是反向设计、抄版、仿制主流 ADC,其设计水平和对体系结构的研究与国际先进水平存在差距。随着移动通信、数字多媒体产业及消费类电子产品的快速发展,我们亟须开发此类高性能、高分辨率、低功耗的 ADC 产品。我国自主研制 ADC 已经是大势所趋,因此研究 Sigma-Delta ADC 不管在经济上还是学术上都有着非常重要的意义。

2.5 Sigma-Delta 调制器原理

如果把量化器比作一把尺子,由于种种限制,这把尺子的最小刻度无法做得很小,而要用它测量比自身的精度高很多的数值,直接测量是难以进行的。例如,用一把毫米尺精确测量一张薄纸的厚度是很困难的,但是,可以把这样的薄纸叠起来,再用这把毫米尺进行测量,就可以得到所有纸的总厚度,然后用总厚度除以纸的张数 N,就可以得到每张纸的厚度。如果再从一张纸的角度看这把毫米尺,这相当于尺子的精度提高了,这就是过采样 Sigma-Delta ADC 的基本思想。从这个基本思想出发,必须提高采样频率(当然也可以不提高采样频率,而增加积分器个数,道理是一样的),然后对采样值进行累加,所以过采样 Sigma-Delta ADC 是一种以时间换精度的 ADC,因而通常它只适用于中低频领域信号的 A/D 转换。

Sigma-Delta 调制器是过采样 Sigma-Delta ADC 的核心部分,采用过采样技术与噪声整形技术降低了信号带宽内的噪声,提高了信噪比,从而实现 ADC 的高精度。

因此，过采样和噪声整形是 Sigma-Delta ADC 最关键的技术，下面将分别对这两项技术进行介绍。

2.5.1 过采样

过采样是指 ADC 以远高于 Nyquist 频率的速率对输入信号进行采样。定义过采样率 M 为采样频率 f_s 与信号 Nyquist 频率之比，即 $M=f_s/2f_b$（式中 f_b 为带宽），则过采样频率下量化噪声（仍假设为白噪声）的功率谱密度为

$$p_{eM}(f)=\frac{P_e}{f_s}=\frac{\Delta^2}{12}\cdot\frac{1}{f_s} \tag{2.5}$$

Nyquist 和过采样 ADC 各自的量化噪声频谱分布如图 2.3 所示，可以清楚地看到过采样技术使量化噪声在信号带宽内的分布明显得到“稀释”。

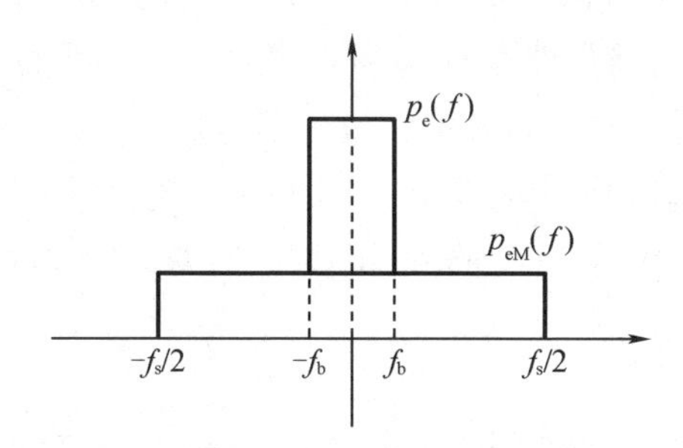

图 2.3 量化噪声频谱分布

信号带宽 f_b 内的量化噪声功率为

$$P_{eM}=\int_{-f_b}^{f_b}p_{eM}(f)\,\mathrm{d}f=\frac{2f_b}{f_s}\cdot\frac{\Delta^2}{12}=\frac{\Delta^2}{12M} \tag{2.6}$$

经过过采样后 ADC 的信噪比为

$$\mathrm{SNR}=10\lg\left(\frac{P_s}{P_{eM}}\right)=20\lg\left(\frac{\dfrac{V_{ref}}{(2\sqrt{2})}}{\dfrac{\Delta}{\sqrt{12M}}}\right)=20\lg\left(2^N\sqrt{\frac{3}{2}}\right)+10\lg M \tag{2.7}$$

由式(2.7)可知，提高过采样率可以降低信号带宽内的噪声功率，过采样率每提高一倍，信号带宽内的噪声降低 3 dB。

由以上分析可知，采用过采样技术后，量化噪声功率谱扩展到了较宽的频带范围内，从而降低了信号带宽内的量化噪声功率，提高了 ADC 的精度。另一方面，采

用过采样技术使得前置抗混叠滤波器(模拟低通滤波器)的过渡带增宽,对它的要求将大大降低,减小了系统设计难度。

2.5.2 噪声整形

量化噪声是影响 ADC 精度最最主要的因素,设计 Sigma-Delta 调制器最主要的目的就是衰减分布于基带内的量化噪声。使用过采样技术已在一定程度上降低了信号带宽内的噪声,但精度要求较高时需要很大的过采样率,比如用 1 位量化器来实现 16 位精度,如果只采用过采样技术的话,根据相关计算公式可计算出此时过采样率 M 必须大于 2^{30},这实际上是不可能的。

为了把采样频率降至现实可行的程度,人们开发了噪声整形技术,它的思想是利用负反馈对量化器产生的量化噪声进行低频衰减、高频放大,量化噪声大部分被驱赶到信号频带之外,使得低频信号带宽内的噪声功率减小,从而改善量化信噪比,然后用数字滤波器滤除带外噪声,最终实现低采样率下的高精度转换。

Sigma-Delta 调制器主要由积分器和量化器组成,其中积分器的个数称为调制器阶数,量化器的个数称为调制器级数。本书将通过分析一阶和二阶调制器的时域和频域传递函数来详细分析 Sigma-Delta 调制器的原理和性能。

2.5.3 多位量化器

多位量化器可以有效地提高信噪比,但随着转换信号带宽的不断提高,过采样技术和噪声整形技术已不能完全满足设计目标的要求。提高调制器中的量化器位数,即减小了 Δ,可以使量化噪声的功率谱密度下降。实际上,量化器位数每增加一位,调制器的有效位数也增加一位。此外,量化器位数提高,可以提高高阶调制器的稳定性。

理想的 L 阶、B 位 Sigma-Delta 调制器的动态范围如式(2.8)所示:

$$\mathrm{DR}=\frac{3\pi}{2}(2^{B}-1)^{2}(2L+1)\left(\frac{\mathrm{OSR}}{\pi}\right)^{2L+1} \tag{2.8}$$

如果对多位量化器的非线性不进行特殊的技术处理,量化器的非线性将直接影响调制器的性能。

2.6 Sigma-Delta 调制器结构

Sigma-Delta 调制器大致可以分为单环结构和级联结构两种。单环结构由一个A/D 转换器、一个 D/A 转换器和一系列串联的积分器组成。级联结构是由一系列的低阶单环调制器级联而成的。此外,单环和级联结构都可以采用一位或多位ADC 和 DAC,通过降低量化噪声,达到提高信噪比的目的。不同结构的 Sigma-Delta 调制器有不同的优缺点,如表 2.1 所示。

表 2.1 不同结构的 Sigma-Delta 调制器结构的比较

项目	单环结构	级联结构
稳定性	有条件稳定	稳定
过采样率(OSR)	适用于高的 OSR	适用于低的 OSR
动态范围(DR)	与理想 DR 相差较远	与理想 DR 接近
对电路的失配及电荷泄漏的敏感性	低	高
电路组成	全模拟	模拟和数字

2.6.1 单环结构

最简单、无条件稳定的 Sigma-Delta 调制器便是一阶噪声整形实现的单环调制器。如图 2.4 所示,它由一个积分器、一个 1 bit 的 ADC 和一个 1 bit 的 DAC 组成。输入信号 $X[n]$ 与输出信号 $Y[n]$ 经 DAC 转换后的信号相减,经积分器积分后进入量化器。积分器的传输函数为 $z^{-1}/(1-z^{-1})$。则调制器的输出可以表示为

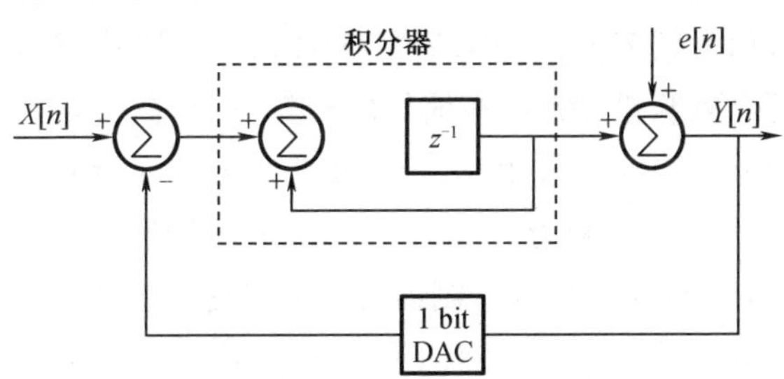

图 2.4 一阶 Sigma-Delta 调制器的原理图

$$Y(z) = X(z)z^{-1} + E(z)(1 - z^{-1}) \tag{2.9}$$

噪声传输函数为

$$NTF(z) = 1 - z^{-1}$$

$$|NTF(f)| = |1 - z^{-1}|_{z = e^{j2\pi f/f_s}} = 2\sin(\pi f/f_s) \tag{2.10}$$

信号带宽内的噪声功率为

$$N_q = \frac{\Delta^2}{12}\frac{\pi^2}{3}\frac{1}{\mathrm{OSR}^3} \tag{2.11}$$

假设满量程正弦输入信号的能量为 $P_s = (2^B - 1)^2\Delta^2/8$,得到一阶 Sigma-Delta 调制器的最大信噪比为

$$\mathrm{PSNR} = 10\log_{10}\left(\frac{P_s}{N_q}\right) = 10\log_{10}\left[\frac{3}{2}(2^B - 1)^2\right] + \log_{10}\left(\frac{3}{\pi^2}\mathrm{OSR}^3\right) \tag{2.12}$$

由式(2.12)可知,采用一阶噪声整形可以降低带宽内的噪声功率:过采样率每提高一倍,信噪比提高 9 dB,相当于提高了 1.5 位的分辨率。

Sigma-Delta 调制器是一个反馈系统,从时域角度讲,反馈不断使输出 $Y[n]$ 逼近输入 $X[n]$。对式(2.9)做差分变换可得输入输出差分方程:

$$Y[n] = X[n-1] + E_Q[n] - E_Q[n-1] \tag{2.13}$$

可见,调制器的当前输出等于延迟了一个时钟周期的输入加上量化误差的一阶差分。

图 2.5(a)为一阶 Sigma-Delta 调制器输入 $X[n]$ 和输出 $Y[n]$ 的瞬态仿真结果。不考虑实际电路中的非理想因素,采样频率 $F_s = 48$ MHz,过采样率 OSR = 12,输入信号频率 $F_{in} = 199.218\ 75$ kHz。很显然,在正弦信号值较大时,输出 1 的概率就大,反之,输出 −1 出现的概率就大。

图 2.5(b)为对输出码流 $Y[n]$ 的 4 096 点 FFT 分析结果。图中,能量最大的频点位置代表了输入信号频率 $F_{in} = 199.218\ 75$ kHz,整个噪声呈 30 dB/dec 衰减,这与一阶噪声整形的衰减相符;另外,在信号的倍频点出现很多谐波(tones),这说明量化器的输出和输入信号相关性很高,量化噪声不再是白噪声。大量谐波的出现是一阶 Sigma-Delta 调制器的缺点。高阶 Sigma-Delta 调制器可以减小输出频谱中的谐波,这是因为高阶 Sigma-Delta 调制器可以使量化器输入和输入信号的相关性大大降低。

由于一阶 Sigma-Delta 调制器会出现谐波的特性,因此这种结构很少用于单环调制器。后面章节讲的级联调制器中,第二、第三级经常采用一阶调制器,这是因

为在级联调制器中,第二、第三级输入的信号为第一级输出的量化噪声,一阶调制器将不受谐波的影响。

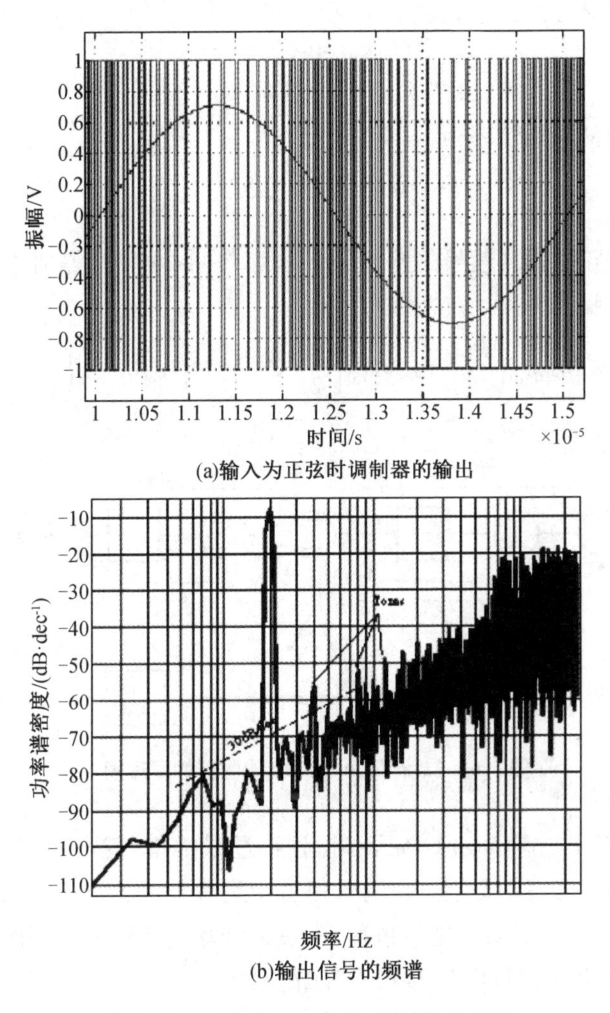

(a)输入为正弦时调制器的输出

(b)输出信号的频谱

图 2.5 一阶 Sigma-Delta 调制器的仿真

二阶 Sigma-Delta 调制器是最常用的单环调制器。如图 2.6 所示,二阶 Sigma-Delta 调制器由两个积分器、一个量化器及一个 DAC 组成反馈系统。假设 DAC 是理想的,则中间节点传输函数为

$$
\begin{aligned}
Y_{i1}(z) &= X(z)z^{-1}(1+z^{-1}) - E(z)z^{-1}(1-z^{-1}) \\
Y_{i2}(z) &= X(z)z^{-2} + E(z)z^{-1}(z^{-1}-2)
\end{aligned}
\tag{2.14}
$$

其中 $Y_{i1}(z)$ 为第一个积分器的输出，$Y_{i2}(z)$ 为第二个积分器的输出。调制器输出为

$$Y(z)=X(z)z^{-2}+E(z)(1-z^{-1})^2 \tag{2.15}$$

其中噪声传输函数为

$$NTF(z)=(1-z^{-1})^2$$
$$|NTF(f)|=(2\sin(\pi f/f_s))^2 \tag{2.16}$$

信号带宽内的噪声功率为

$$N_q=\frac{\Delta^2}{12}\frac{\pi^4}{5}\frac{1}{\mathrm{OSR}^5} \tag{2.17}$$

假设满量程正弦输入信号的能量为 $P_s=(2^B-1)^2\Delta^2/8$，得到二阶 Sigma-Delta 调制器的最大信噪比为

$$\mathrm{PSNR}=10\log_{10}\left(\frac{P_s}{N_q}\right)=10\log_{10}\left[\frac{3}{2}(2^B-1)^2\right]+10\log_{10}\left(\frac{5}{\pi^4}\mathrm{OSR}^5\right) \tag{2.18}$$

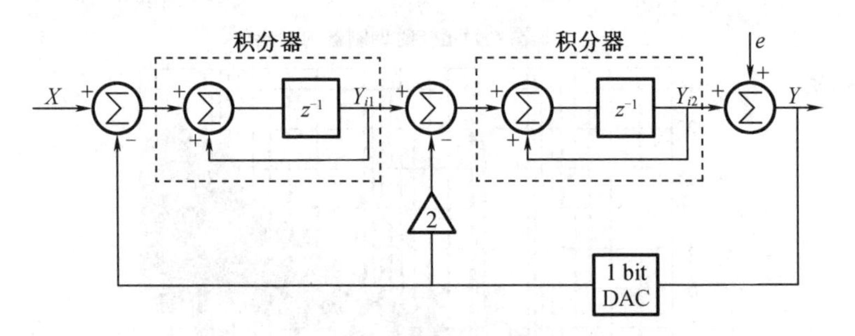

图 2.6　二阶 Sigma-Delta 调制器的原理图

由此可见，对于二阶 Sigma-Delta 调制器，过采样率每提高一倍，信噪比提高 15 dB，相当于精度提高 2.5 位。在输入信号带宽较低的情况下，提高过采样率可以获得较高的精度。例如，在理想情况下，过采样率为 169 时，采用一位量化器的二阶 Sigma-Delta 调制器可以获得 16 位的精度。

类似于二阶 Sigma-Delta 调制器，将多个积分器串联在一个路径上可以形成高阶单环 Sigma-Delta 调制器。典型的 n 阶单环路 Sigma-Delta 调制器的工作原理如图 2.7 所示，其噪声传输函数为

$$NTF(z)=\frac{1}{1+k\sum_{i=1}^{n}\prod_{j=1}^{n}a_j\left(\frac{1}{Z-1}\right)^{n-i+1}} \tag{2.19}$$

式中，a_j 为积分器增益系数，k 为量化器的增益。在较低频率时，积分器增益很大，

式(2.19)可以简化为

$$|NTF(z)| \approx \frac{|1 - Z^{-1}|^n}{k\prod_{j=1}^{n} a_j} = \frac{[2\sin(\pi f/f_s)]^n}{k\prod_{j=1}^{n} a_j} \tag{2.20}$$

信号带宽内的噪声功率为

$$N_q = \frac{\Delta^2}{12} \cdot \frac{\pi^{2n}}{(2n+1)} \cdot \frac{1}{\text{OSR}^{(2n+1)}} \cdot \frac{1}{(k\prod_{j=1}^{n} a_j)^2} \tag{2.21}$$

假设满量程正弦输入信号的能量为 $P_s = (2^B - 1)^2\Delta^2/8$,得到 n 阶 Sigma-Delta 调制器的最大信噪比为

$$\text{PSNR} = 10\log_{10}\left[\frac{3}{2}(2^B - 1)^2\right] + 10\log_{10}\left(\frac{2n+1}{\pi^{2n}}\text{OSR}^{2n+1}\right) + 10\log_{10}(k\prod_{j=1}^{n} a_j)^2 \tag{2.22}$$

由式(2.22)可知,对于 n 阶 Sigma-Delta 调制器,过采样率每提高 1 倍,信噪比提高 $(6n+3)$ dB,也就是分辨率提高约 $n+0.5$ 位。

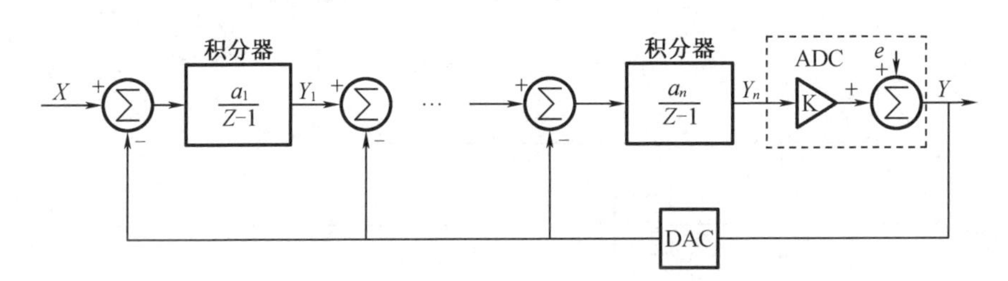

图 2.7 典型 n 阶单环路 Sigma-Delta 调制器的工作原理

单环 Sigma-Delta 调制器阶数的提高会带来稳定性的问题。由于积分器串联在一起,使得前向通路的直流增益非常高,一旦某个积分器的输出很高,其后面的积分器由于积分前一个积分器的输出电压,输出电压会变得更高,结果量化器过载,导致调制器不稳定。尽管采用多位量化器和调整各积分器的增益系数能提高调制器的稳定性,设计高于三阶的单环 Sigma-Delta 调制器仍然很困难。

合理选择环路增益 $k\prod_{j=1}^{n} a_j$,可以获得最大动态范围的稳定单环调制器。研究表明,当调制器阶数为二阶、三阶、四阶,环路增益分别选择 1、1/5、1/25 时可以获得最大的动态范围。环路增益使单环结构的调制器性能下降。例如,OSR = 16,三

阶单环调制器的最大信噪比只有 38 dB。又如一位、四阶 Sigma-Delta 调制器的信噪比比理想值下降 30 ~ 40 dB，显然这种单环路结构不适合宽带应用场合。

另一种常用的单环结构是插值 Sigma-Delta 调制器或 Lee-Sodini Sigma-Delta 调制器。如图 2.8 所示，其中反馈增益 B_i 决定了噪声函数零点位置，反馈增益 B_i 和前馈增益 A_i 共同决定噪声函数的极点位置。这种技术将调制器的噪声传输函数的零点均匀地分布在信号带宽内，而不是在直流频率处，从而获得更为有效的噪声压缩效果。例如，一种四阶插值结构，OSR = 64 时，分辨率可以达到 16 位。

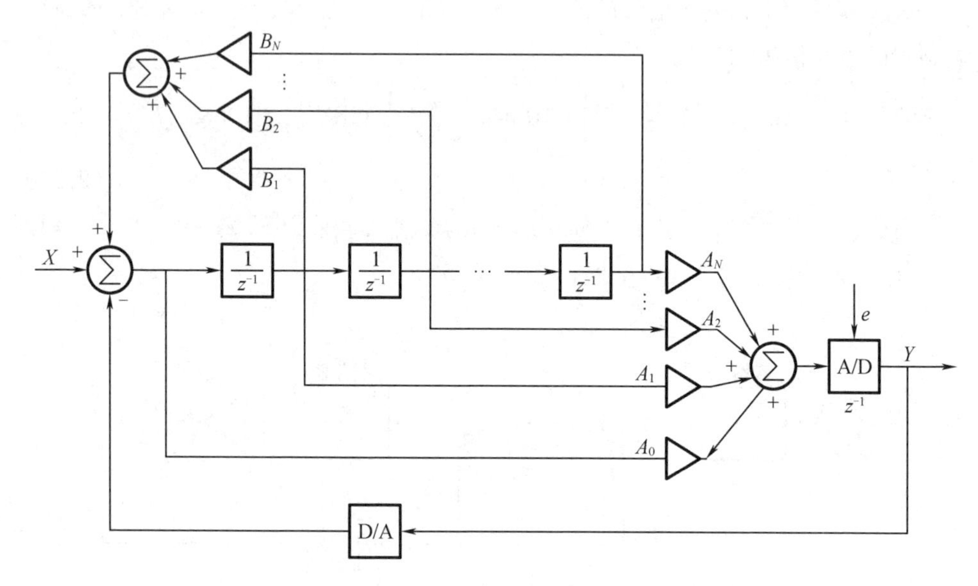

图 2.8　一种 *N* 阶插值结构 Sigma-Delta 调制器

2.6.2　级联结构

与高阶单环 Sigma-Delta 调制器相对应的是级联 Sigma-Delta 调制器或 MASH (multi-stage noise shaping) Sigma-Delta 调制器。如图 2.9 所示，它主要由几个低阶调制器和噪声抵消逻辑组成。各级采用一阶或二阶的低阶调制器，可以避免高阶 Sigma-Delta 调制器可能不稳定的情况。在级联调制器中，下一级转换上一级调制器输出的量化噪声，然后通过噪声抵消逻辑将上一级的量化噪声抵消，因此，调制器的输出只含有输入信号和最后一阶调制器的量化噪声，此量化噪声经过高阶噪声整形，其阶数等于所有积分器的个数。

级联 Sigma-Delta 调制器的输出表示为

$$Y(z)=STF(z)X(z)+NTF_1E_1(z)+\cdots+NTF_nE_n(z) \tag{2.23}$$

其中

$$STF(z)\approx z^{-(L_1+L_2+\cdots+L_n)} \tag{2.24}$$

$$NTF_1,NTF_2,\cdots,NTF_{n-1}=0 \tag{2.25}$$

$$NTF_n\approx\frac{1}{\prod_{i=1}^{n-1}h_{ci}}(1-z^{-1})^{(L_1+L_2+\cdots+L_n)} \tag{2.26}$$

式中,L_i 为各子级阶数,h_{ci}为级间增益系数(通常小于1)。可得到级联调制器的最大信噪比为

$$\mathrm{PSNR}=10\log_{10}\left[\frac{3}{2}(2^B-1)^2\right]+10\log_{10}\left(\frac{2n+1}{\pi^{2n}}\mathrm{OSR}^{2n+1}\right)+10\log_{10}\left(\prod_{j=i}^{n-1}h_{cj}\right) \tag{2.27}$$

式中,$n=L_1+L_2+\cdots+L_n$ 为调制器总阶数;B 为最后一级量化器的位数。

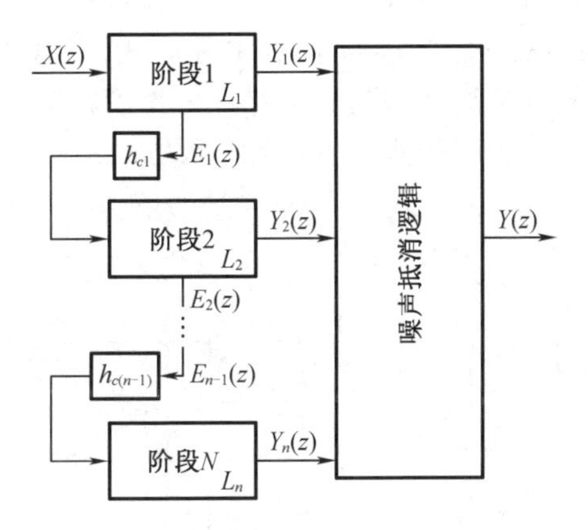

图 2.9 级联 Sigma-Delta 调制器结构框图

例如 2-1 级联结构,第一级为二阶 Sigma-Delta 调制器,第二级为一阶 Sigma-Delta 调制器。根据二阶调制器输出公式及一阶调制器输出公式有

$$Y_1(z)=X(z)z^{-2}+E_1(z)(1-z^{-1})^2 \tag{2.28}$$

$$Y_2(z)=[h_{c1}E_1(z)]z^{-1}+E_2(z)(1-z^{-1}) \tag{2.29}$$

为了抵消第一级的量化噪声 $E_1(z)$,噪声抵消逻辑应有如下的传输函数:

$$Y(z)=z^{-1}Y_1(z)-\frac{1}{h_{c1}}(1-z^{-1})^2Y_2(z) \tag{2.30}$$

合并式(2.28)~式(2.30),可得2-1级联结构的输出为

$$Y(z)=z^{-3}X(z)-\frac{1}{h_{c1}}(1-z^{-1})^3E_2(z) \tag{2.31}$$

由于噪声增益系数$1/g_1$通常大于1,这意味着最后一级输出的量化噪声会被放大,导致级联调制器信噪比下降。然而,只要合理选择级间增益系数h_{ci},可以使调制器的信噪比只下降6 dB。仿真结果表明:经过调整系数,在16倍过采样率的情况下,峰值信噪比可达57 dB,比理想值小7 dB。

理论上调制器的阶数越高,调制器的性能也就越好,然而实际电路并非如此。级联调制器对电路的失配非常敏感。如式(2.31)所示,其数字电路的增益系数和模拟电路的增益系数之间总有一些误差,导致第一级的量化噪声泄漏到调制器的输出,使调制器的性能大大下降。

设计调制器首先要选择好三个主要参数,即噪声整形的阶数(L)、过采样率(OSR)及内部最后一级量化器精度(B)。在芯片信噪比、功耗、速度等选择中,四阶多位级联结构是通常的选择。

四阶多位级联结构通常有两种,一种为$2-2_{mb}$结构,另一种为$2-1-1_{mb}$结构(下标mb表示调制器最后一级采用m位量化器)。图2.10所示为实现四阶噪声整形的$2-2_{mb}$级联结构。虚线框内为数字噪声抵消逻辑部分,虚线框外为模拟部分,其中g_1、g_2、g_3、g_4为各积分器的增益系数,h_1、h_2、h_3为级间耦合系数,d_0、d_1为数字部分的增益系数,$H_1(z)$、$H_2(z)$为数字滤波器传输函数。

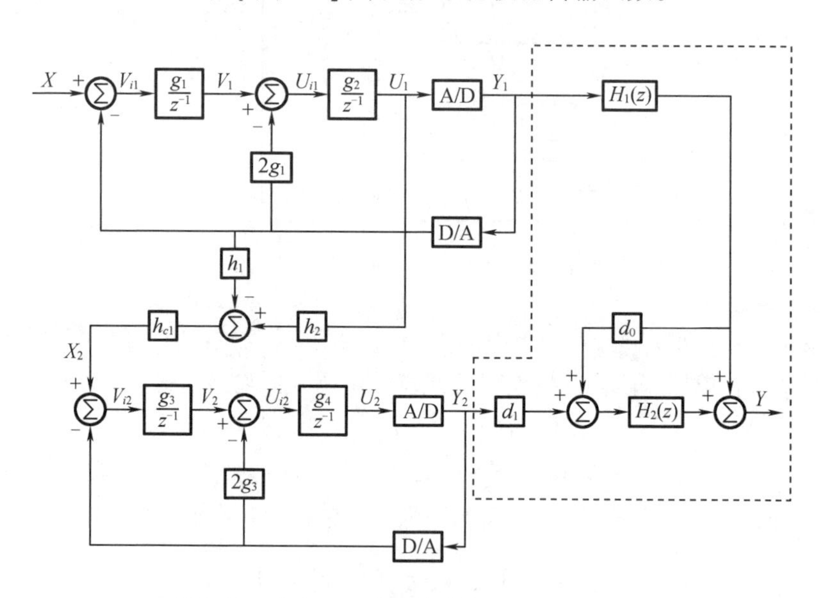

图2.10　实现四阶噪声整形的$2-2_{mb}$级联结构

考虑第二级多位量化器引入的非线性误差,结合对二阶回路的分析可知,第一级输出 Y_1、第二级输出 Y_2 的表达式如式(2.32)所示:

$$Y_1(z)=z^{-2}X(z)+(1-z^{-1})^2e_1(z)$$
$$Y_2(z)=z^{-2}X_2(z)+(1-z^{-1})^2e_2(z)-(2z^{-1}-z^{-2})e_{2d}(z) \tag{2.32}$$

式中,$e_1(z)$、$e_2(z)$ 为第一、第二级量化器引入的量化误差;$e_{2d}(z)$ 为第二级多位 DAC 引入的非线性误差。

第二级输入 $X_2(z)$ 为

$$X_2(z)=h_{c1}[h_2U_1(z)-h_1Y_1(z)] \tag{2.33}$$

为得到第一、第二级量化器输入 $U_1(z)$、$U_2(z)$ 的表达式,根据单位环路增益假设,即最外围环路上所有积分器的增益系数和量化器增益系数的乘积为 1,则可得

$$U_1(z)=g_1g_2[Y_1(z)-e_1(z)]$$
$$U_2(z)=g_3g_4[Y_2(z)-e_2(z)] \tag{2.34}$$

将式(2.34)和式(2.33)式代入式(2.32),同时令 $h_2=1/g_1g_2$,则有

$$Y_1(z)=z^{-2}X(z)+(1-z^{-1})^2e_1(z)$$
$$Y_2(z)=z^{-4}h_{c1}(1-h_1)X(z)+z^{-2}(1-z^{-1})^2h_{c1}(1-h_1)e_1(z)-z^{-2}h_{c1}e_1(z)+$$
$$(1-z^{-1})^2e_2(z)-(2z^{-1}-z^{-2})e_{2d}(z) \tag{2.35}$$

噪声抵消逻辑电路的功能就是将前一级的量化噪声抵消,只留下第二级的量化噪声和 D/A 的非线性误差。经过噪声抵消逻辑后,调制器的最终输出为

$$Y(z)=z^{-4}X(z)+\frac{1}{h_{c1}}(1-z^{-1})^4e_2(z)-\frac{1}{h_{c1}}(2z^{-1}-z^{-2})(1-z^{-1})^2e_{2d}(z) \tag{2.36}$$

由式(2.36)可知,输入信号 $X(z)$ 经过四个时钟周期的延迟,第二级的量化噪声经过四阶噪声整形输出,DAC 的非线性误差也经过二阶噪声整形输出,同时量化噪声误差和非线性误差都经过了 $1/h_{c_1}$ 倍的放大。

为方便理解 $2-2_{mb}$ 级联调制器传输函数的推导,表 2.2 列出了四阶噪声整形的 $2-2_{mb}$ 级联调制的模拟参数和数字参数的具体关系。

表 2.2 四阶噪声整形的 $2-2_{mb}$ 级联调制的模拟参数和数字参数的关系

模拟	数字/模拟	数字
$h_2=1/g_1g_2$	$d_0=h_1-h_2g_1g_2$	$H_1(z)=z^{-2}$
	$d_1=1/h_{c1}$	$H_2(z)=(1-z^{-1})^2$

图2.11为实现四阶噪声整形的$2-1-1_{mb}$级联结构。图中g_1、g_2、g_3、g_4为各积分器的增益系数，h_1、h_2、h_3，h_4、hc_1、hc_2为级间耦合系数，d_0、d_1、d_2、d_3为数字部分的增益系数，$H_1(z)$、$H_2(z)$、$H_3(z)$、$H_4(z)$为数字滤波器传输函数。虚线框内为噪声抵消逻辑部分。采用与$2-2_{mb}$相似的推导方法，可以得到$2-1-1_{mb}$的输出为

$$Y(z)=z^{-4}X(z)+\frac{1}{h_{c1}h_{c2}}(1-z^{-1})^4e_3(z)-\frac{1}{h_{c1}h_{c2}}(1-z^{-1})^3e_{3d}(z) \quad (2.37)$$

式中，$e_3(z)$为第三级量化器的量化误差，$e_{3d}(z)$为第三级多位DAC引入的非线性误差。由式(2.37)可知，输入信号$X(z)$经过四个时钟周期的延迟，第三级的量化噪声经过四阶噪声整形输出，DAC的非线性误差经过三阶噪声整形输出，量化噪声误差和非线性误差都经过了$1/h_{c_1}h_{c_2}$倍的放大。表2.3为四阶噪声整形的$2-1-1_{mb}$级联调制的模拟和数字参数的关系。

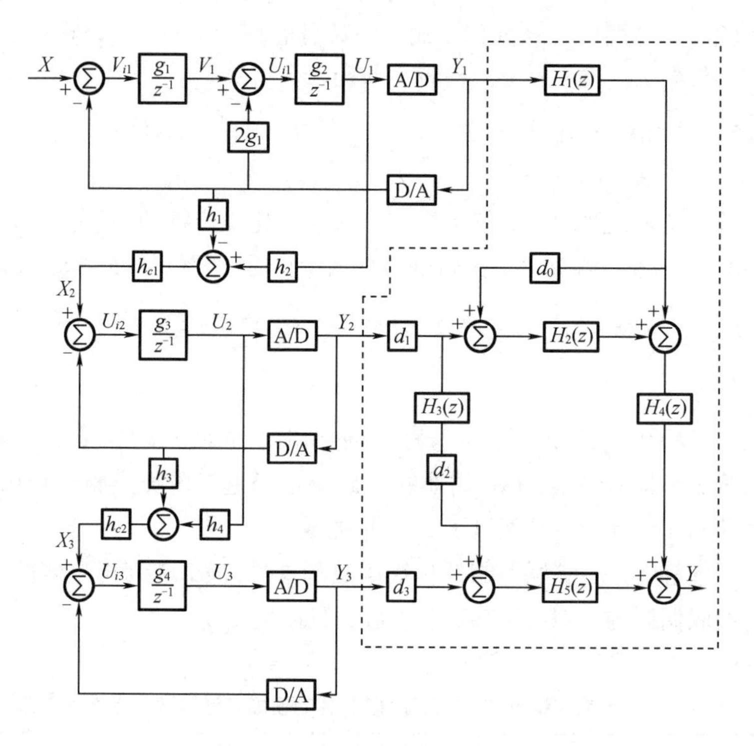

图2.11　实现四阶噪声整形的$2-1-1_{mb}$级联结构

表 2.3 四阶噪声整形的 $2-1-1_{mb}$ 级联调制的模拟和数字参数的关系

模拟	数字/模拟	数字
$h_2=1/g_1g_2$ $h_4=1/g_3$	$d_0=h_1-h_2g_1g_2$	$H_1(z)=z^{-1}$
	$d_1=1/h_{c1}$	$H_2(z)=(1-z^{-1})^2$
	$d_2=h_3-h_4g_3$	$H_3(z)=H_4(z)=z^{-1}$
	$d_3=1/(h_{c1}h_{c2})$	$H_5(z)=(1-z^{-1})^3$

由式(2.36)和式(2.37)可以知道 $2-2_{mb}$ 和 $2-1-1_{mb}$ 的信号带宽内的能量误差分别为

$$P_{n(2-2_{mb})}=\left(\frac{1}{h_{c1}}\right)^2\left(\sigma_Q^2\frac{\pi^8}{9\cdot \mathrm{OSR}^9}+\sigma_D^2\frac{\pi^4}{5\cdot \mathrm{OSR}^5}\right)$$

$$P_{n(2-1-1_{mb})}=\left(\frac{1}{h_{c1}h_{c2}}\right)^2\left(\sigma_Q^2\frac{\pi^8}{9\cdot \mathrm{OSR}^9}+\sigma_D^2\frac{\pi^6}{7\cdot \mathrm{OSR}^7}\right) \quad (2.38)$$

式中,σ_Q^2 为总的量化噪声能量,σ_D^2 为 DAC 引入的误差能量。

两者可以分别表示为

$$\sigma_Q^2=\frac{\Delta^2}{12}$$

$$\sigma_D^2=\frac{1}{2}(INL|_{\mathrm{LSB's}})^2\Delta^2 \quad (2.39)$$

其中,Δ 为最小量化间距,$INL|_{LSB's}$ 为用 LSB 表达的积分非线性。

从式(2.38)可知,$2-1-1_{mb}$ 的非线性误差能量被 OSR^7 倍衰减,这就大大降低了调制器对 DAC 非线性的要求,因此 $2-1-1_{mb}$ 结构的性能要优于 $2-2_{mb}$ 结构。

在选择表 2.2 及表 2.3 中的模拟参数和数字参数时,应该注意参数的可实现性,具体来说有如下几点:①各级间的信号幅度不能使调制器过载;②数字增益系数应该尽可能小,因为它放大了最后一级的量化噪声;③数字增益系数尽可能为 0, ±1 或 2 的倍数;④在有多位量化器的环路中,因为多位量化器的增益为 1,所以根据环路单位增益原理,该环积分器增益系数的乘积为 1。

2.6.3 低失真结构

在级联调制器中,由于后级的非理想因素,如热噪声、谐波失真等都被前级积分器增益抑制,因此第一级的性能对整体调制器的性能有决定性影响。通常,级联调制器第一级都采用二阶单环路调制器。

如图 2.12 所示,这里假设 ADC 为多位量化器,利用单位增益原理有 $g_1 g_2 = 1$,可以得到内部节点及输出的表达式为

$$
\begin{aligned}
&Y(z) = z^{-2}X(z) + (1 - z^{-1})^2 e(z) \\
&U_1(z) = z^{-2}X(z) - 2z^{-1}e(z) + z^{-2}e(z) \\
&U_{i1}(z) = \frac{1}{g_2}[z^{-1}(1 - z^{-1})X(z) - 2(1 - z^{-1})e(z) + z^{-1}(1 - z^{-1})e(z)] \\
&V_{i1}(z) = X(z) - z^2 X(z) - (1 - z^{-1})^2 e(z) \\
&V_1(z) = g_1[z^{-1}(1 + z^{-1})X(z) - z^{-1}(1 - z^{-1})e(z)]
\end{aligned}
\tag{2.40}
$$

由式(2.40)可知,传统二阶调制器的输出是输入信号的两个时钟周期延迟加上量化噪声的二阶整形。第一个积分器的输入输出 V_{i1} 和 V_1,以及第二个积分器的输入输出 U_{i1} 和 U_1,每一项都包含输入成分 $X(z)$。各个节点都与输入有关,因此当输入信号较大时,各个节点的电压也较大。

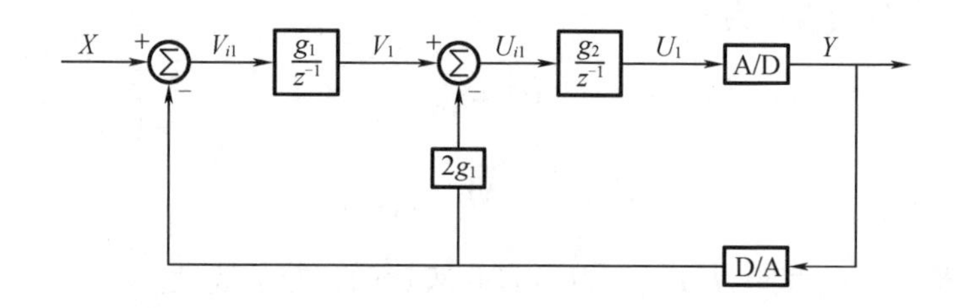

图 2.12　传统的二阶噪声整形调制

积分器的输入电压幅度太大可能会导致运算放大器产生“转换”,由于运算放大器的建立是非线性的,因此积分器的建立也是非线性的。为抑制“转换”,必然要使用高速运算放大器,这就增加了功耗。

此外,积分器的输出幅度过大也会产生许多问题。首先,为了使输出电压不超出运放的摆幅,可以减小输入信号的幅度,但这样会降低调制器的动态范围;也可以降低积分器增益系数 g_1,使其输出幅度减小,但这样就需要采用大电容,增加了芯片面积与功耗。其次,输出幅度过大会导致谐波失真,这主要是由运算放大器的增益非线性引起的。最后,为了增加积分器输出幅度,就必须使用两级运放,而这种运放功耗通常比较大。

第一级、第二级积分器输出所包含的谐波成分,在调制器输出时会经过一阶及

二阶噪声整形。但对于宽带调制器，由于过采样率较低，其抑制效果很不明显。如过采样率为128时，V_1 谐波失真衰减32 dB；过采样率为12时，V_1 谐波失真只能衰减11 dB。

为避免运算放大器的非线性造成调制器失真，可以采用前馈方式，使输入信号不通过运算放大器，这种结构称为低失真结构。如图2.13所示，输入信号 X 与积分器输出相加后输入量化器，经过量化后，输出信号 Y 经过DAC转换后与输入信号相减得 V_{i1}，由于实际电路中，这些运算都是在一个周期内完成的，因此 V_{i1} 等于当前周期输入信号的量化误差。积分器只是对量化误差进行积分，因而积分器输出的摆幅较小，减小了失真。

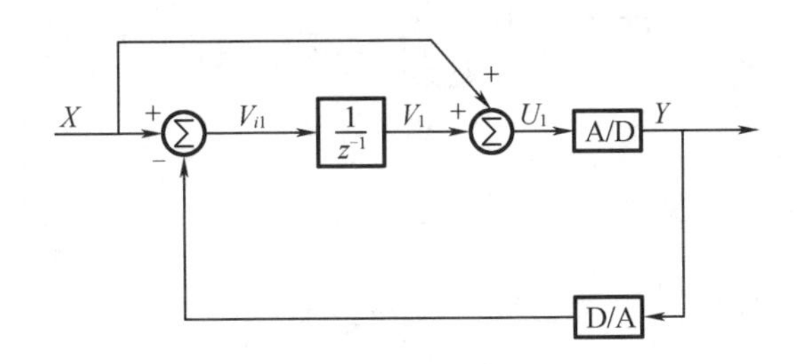

图2.13 一阶低失真结构

由图2.13可以得到各节点的传输函数如下所示：

$$Y(z)=X(z)+(1-z^{-1})e(z)$$
$$U_1(z)=X(z)-z^{-1}e(z)$$
$$V_{i1}(z)=-(1-z^{-1})e(z)$$
$$V_1(z)=-z^{-1}e(z) \tag{2.41}$$

从式(2.41)可以看出，信号传输函数 STF = 1，信号没有经过积分器就直接输出了；而量化噪声传输函数 $\mathrm{NTF}=1-z^{-1}$，其和传统一阶结构一样，经过了一阶噪声整形。积分器的输入输出与输入信号无关，克服了传统结构的缺点：首先，积分器的输入输出节点 V_{i1}、V_1 电压只与量化噪声有关，因此只要增加ADC的位数，便可以降低节点 V_{i1}、V_1 的电压，避免了运放产生"转换"；其次，由于 V_{i1}、V_1 电压与输入无关，因而增加输入信号的幅度不会使积分器过载，从而提高了调制器的动态范围；最后，由于积分器输出幅度较小，降低了运放的直流增益和建立时间的要求。

一阶低失真结构的工作原理可以扩展到二阶低失真结构。如图2.14所示，输入信号与两个积分器的输出相加后直接被量化器量化，量化结果再与输入信号相减，最终两个积分器只是处理量化误差信号。假设量化器为多位，利用单位增益原理有 $g_1g_2a_2=1$，同时假设 $g_1a_1=2$，则可得图2.14中各个节点的传输函数为

$$
\begin{aligned}
Y(z) &= X(z) + (1-z^{-1})^2 e(z)\\
U_1(z) &= X(z) - 2z^{-1}e(z) + z^{-2}e(z)\\
V_2(z) &= -g_1g_2z^{-2}e(z)\\
V_1(z) &= -g_1z^{-1}(1-z^{-1})e(z)\\
V_{i1}(z) &= -(1-z^{-1})^2 e(z)
\end{aligned}
\tag{2.42}
$$

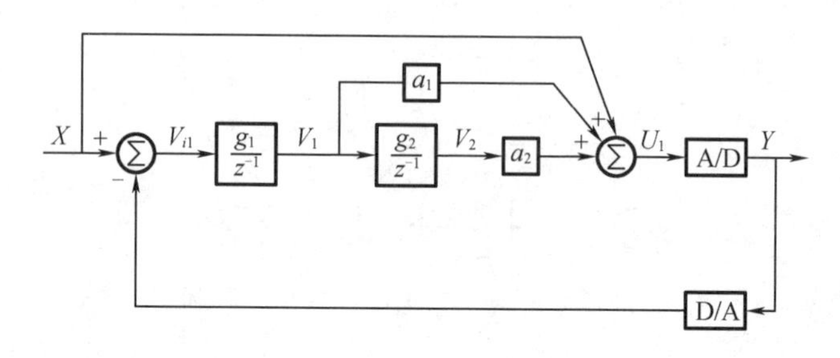

图2.14　二阶低失真结构

与传统二阶结构一样，二阶低失真结构对噪声有二阶滤波作用。低失真结构的传输函数有其特殊的地方：首先，输出信号没有被两个时钟周期延迟输出；其次，各积分器的输入与输出不再与输入信号有关，积分器只处理量化噪声信号。

图2.15和图2.16是传统二阶调制器结构与二阶低失真调制器仿真结果。仿真条件是：输入信号 $f_{in}=539.062\ 5$，OVL = −0.5 dB，采用频率 $f_s=48$ MHz，过采样率 OSR = 12；量化器及 DAC 都采用 4 位精度；运算放大器的增益为 60 dB，摆幅 2 V；传统二阶结构采用优化后的系数 $g_1=1/2$、$g_2=2$，低失真结构采用本书使用的系数 $g_1=1$、$g_2=2$、$a_1=2$、$a_2=1/2$。

图2.15是传统结构和低失真结构中两个积分器的输出幅度概率图。可见在 OVL = −0.5 dB 时，传统结构的两个积分器输出已经达到运放的满摆幅，而低失真结构的第一个积分器输出范围 V_1 只有0.3 V左右，第二个积分器输出范围 V_2 只有0.5 V左右，远远小于传统结构的输出幅度。其原因主要是传统结构中，积分器输出同时包含了输入信号和量化噪声，而低失真结构中，积分器输出只包含了量化噪声。

图2.16是对两种结构的积分器及调制器输出所进行的4 096点 FFT 变换。在传统结构中，在约539 kHz处有较高的能量密度，这正是输入信号的频率位置；第一个积分器输出除了信号频点外，在1 617 kHz处出现幅度为 −60 dB 的三次谐

波，五次谐波也有较高的能量。在低失真结构中，积分器输出 V_1、V_2 既没有谐波分量也没有输入信号，只有量化噪声。两种调制器结构的输出表明，低失真结构没有谐波量产生，背景噪声也很低。

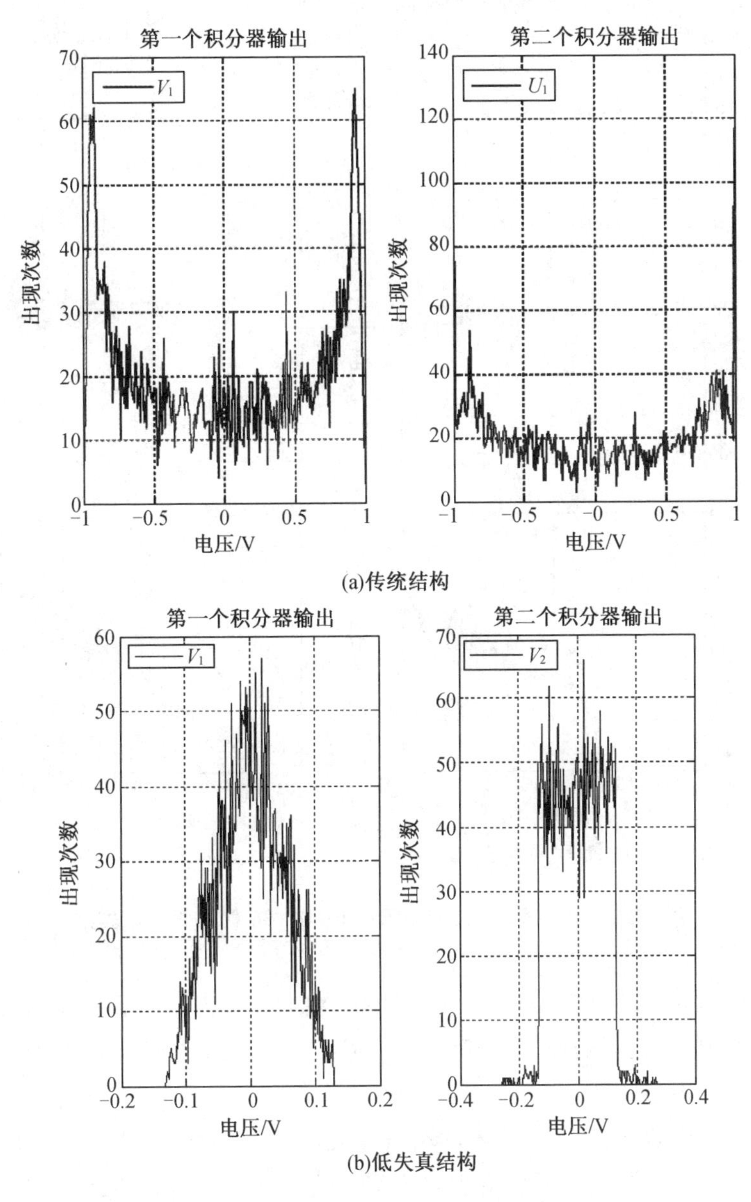

图 2.15　积分器输出幅度概率

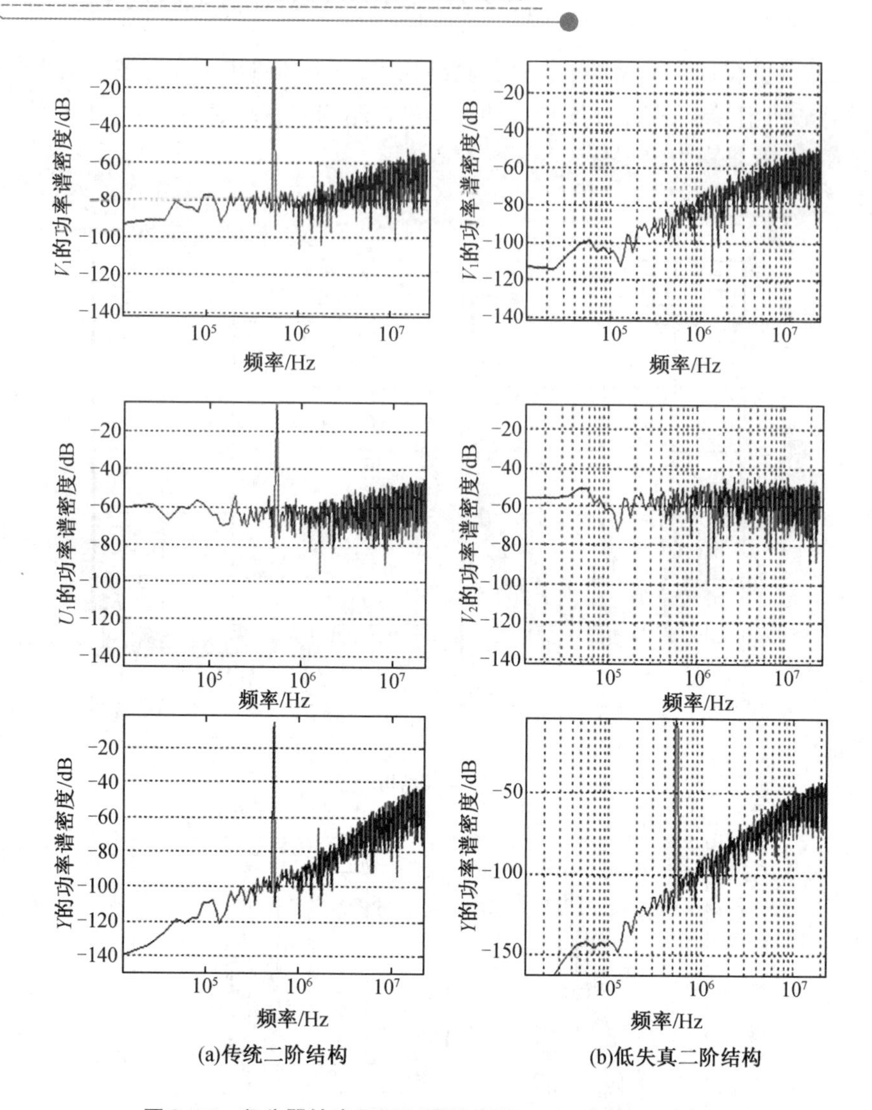

图 2.16　积分器输出及调制器输出的 4 096 点 FFT 分析结果

在二阶低失真结构中，加和节点 U_1 含输入信号，在大输入信号时，该节点电压较大，因为经过量化器处理，不会像传统二阶结构那样经过积分器，因而不会有太大的影响。

在二阶低失真结构中，积分器的输出节点只与量化噪声及增益系数有关，积分器的输出幅度是量化器及增益系数的函数，积分器的系数需要满足：

$$g_1g_2a_2=1$$

$$g_1 a_1 = 2$$

$$g_1 g_2 \leqslant 2^B \tag{2.43}$$

式中，B 为量化器的位数。可见，在多位量化器中，$g_1 g_2$ 可以取较大值。由于积分器增益等于采样电容与积分电容的比值（C_s/C_i），在相同的热噪声 K_T/C_s 情况下，积分电容可以取相对较小值，因而节省了芯片面积。此外，在级联调制器中，$g_1 g_2$ 对输出量化噪声有衰减作用，因而提供了额外的信噪比。$g_1 g_2$ 越大，输出摆幅越大，对运放要求也就越高。

从图 2.13 和图 2.14 中的反馈电路可以看出，低失真结构调制器只有一个反馈回路，因而只需要一个 DAC 转换器，减少了一个 DAC 非线性误差源，节省了芯片面积与功耗，同时也降低了设计复杂度。

在级联结构中，低失真结构的另一个优点是它不需要采用噪声耦合结构。第二个积分器的输出[$-g_1 g_2 z^{-2} e(z)$]就是第一级的量化噪声乘以积分器的增益系数，可以直接输入到级联结构的第二级，因而简化了电路。低失真结构的量化噪声输出方式如图 2.17 所示。

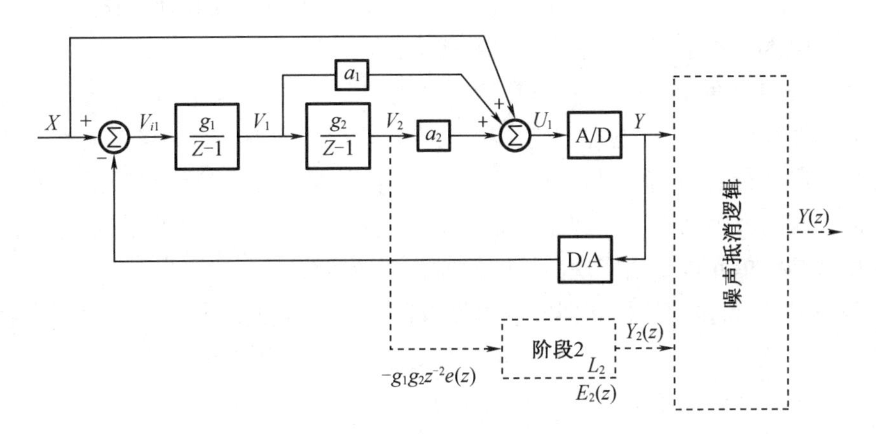

图 2.17 低失真结构的量化噪声输出方式

2.7 本章小结

本章介绍了 Sigma-Delta 调制器的工作原理及单环一阶、二阶结构、级联结构和低失真结构的输入输出特性，分析了 Sigma-Delta 调制器的优点，为后续研究 Sigma-Delta 调制器技术在高精度传感器芯片中的应用奠定了基础。

第3章　微机械加速度计 Sigma-Delta 接口电路系统分析

微机械加速度计是最重要的MEMS器件之一，其市场销售量仅次于压力传感器。微机械加速度计具有体积小、功耗低、稳定性好、可靠性高及利于批量生产等优点，广泛应用于汽车工业、航空航天领域、军事装备及消费电子产品中。汽车工业中用于控制触发安全气囊的电路，要用到大批量低成本、高可靠性的加速度传感器。除了安全气囊外，在刹车控制、车轮控制和自动动力控制等系统中，微机械加速度计也得到了非常广泛的应用。在航空航天领域，石英扰性加速度计应用在飞船返回舱，通过持续的工作精确测量返回舱的飞行位置和速度，并实时地提供最重要、最基础的执行信息，以确保航天员安全返回地面。军事方面，除了在保护精密仪器如导弹等的搬运和维护方面有广泛的应用外，高精度的微机械加速度计也是自适应航行和导航设备的关键部件。消费电子产品中，微机械加速度计被应用于摄像机的图像动态稳定、笔记本硬盘保护、MP3播放器歌曲播放和切换等方面。

微机械加速度计由两部分构成：敏感结构单元和接口电路。敏感结构单元检测外界的加速度信号，以电容、电阻或电荷变化等形式表现出来。接口电路对敏感结构的输出进行处理，输出与加速度信号成正比的电压或电流信号。微机械加速度计的性能由敏感结构单元和接口电路共同决定，没有设计优良的接口电路，再优秀的敏感结构单元也无法实现高精度的加速度计系统。

当前，由于很多惯性传感器的应用要用到计算机、微处理器和其他的一些数字器件，因此数字化、智能化是MEMS集成传感器的重要发展方向。Sigma-Delta调制技术是实现数字微机械加速度计最好的方式之一。在微机械加速度计中，敏感结构特性带宽通常较窄，因此可以很容易地获得很高的过采样率，从而有效地抑制噪声，提高传感器系统性能。采用Sigma-Delta调制技术实现加速度计的闭环反馈，不仅结构简单、带宽高、易于采用CMOS工艺实现，而且在实现闭环工作方式的同时也得到了直接的数字输出。Sigma-Delta接口电路的研究在国外已经开展了十几年，并取得了重要成果。随着我国近几年在模拟输出加速度计ASIC研究方面取得进展，具有数字输出功能的接口ASIC研制变得越来越重要，加紧该方面的研究工作不仅对我国高性能集成传感器的发展具有重要的理论意义，而且还具有重大的经济效益和社会效益。

3.1 微机械加速度计的发展

1979 年,美国斯坦福大学的 Roylance 和 Angell 首先采用微加工技术研制出第一个开环压阻式硅微机械加速度计,并在 20 世纪 80 年代初形成了产品。从此,以硅微机械加工工艺为基础的微机械加速度计的研究迅速发展起来。

自从第一款微机械加速度计问世以来,研究人员不断开发出基于各种检测方式的微机械加速度计。根据检测方式,微机械加速度计的形式包括压阻式、压电式、热对流式、谐振式和电容式等。

压阻式微机械加速度计是发展比较早,也是比较成熟的传感器。其加工工艺简单,频率响应高,但是其温度效应严重,灵敏度低。

压电式微机械加速度计具有良好的线性度,频率响应范围很宽,一阶固有频率大于 40 KHz;其主要的缺点是不适合进行低频测量,并且由于具有较高的输出阻抗,所以必须和低电容、低噪声电线耦合才能加以应用。

热对流式微机械加速度计具有很高的灵敏度,能够直接输出电压信号,可以省去复杂的信号处理电路。由于在该类型的加速度计中没有大的质量块,所以具有很强的抗冲击能力;其缺点是频率响应范围很窄。

谐振式微机械加速度计输出的是频率信号,不必经过模数转换就可以方便地与微型计算机连接,组成高精度的测控系统,同时谐振式传感器还具有无活动部件、机械结构牢固、精度高、稳定性好、灵敏度高等优点;其缺点是需要消除同频干扰。

电容式微机械加速度计是利用在外加加速度的作用下,惯性质量块与检测电极间的狭小空隙发生改变从而所引起等效电容的变化来测量加速度的一种传感器。该加速度计的精度高、噪声特性好、漂移低、温度敏感性小、功耗低、结构比较简单,是当前高精度加速度计的首选方式。

1991 年,电容式微机械加速度计由 Cole 研制成功。该加速度计采用扭转差分电容结构,利用表面微机械加工工艺和分立检测电路制作,并进行了商品化生产,成功地应用于心脏起搏器中。图 3.1 为非对称扭摆电容式结构示意图。

2004 年,日本京都大学采用 SOI 工艺纵向梳状电极设计了一种 z 轴差动电容式加速度传感器,结构如图 3.2 所示。这种传感器只有一层硅,通过具有可动的不同高度的梳状电极来检测 z 方向的加速度。传感器敏感区域尺寸为 1.1 mm × 1.1 mm × 1.5 mm,灵敏度为 1.1 pF/g,线性度为 0.21%。

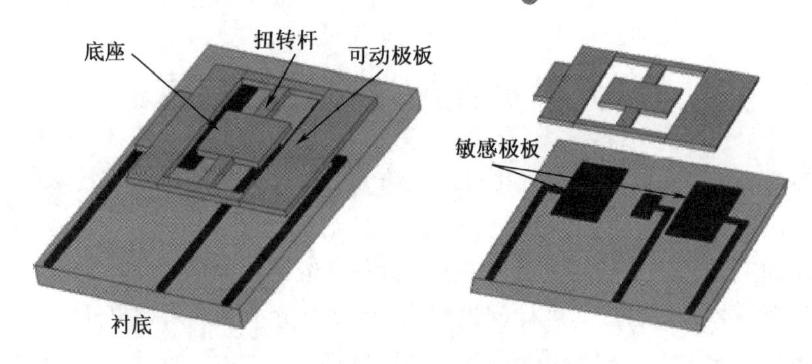

图 3.1　非对称扭摆电容式结构示意图

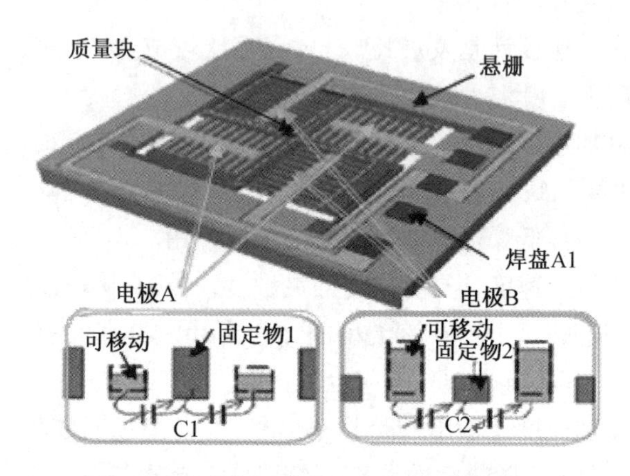

图 3.2　日本京都大学研制的加速度传感器

2008 年,韩国电子通信研究中心研制出一种灵敏度可调的电容式微机械加速度计。该加速计通过一个可移动的接地电极作为 MEMS 激励器,使得在传统低分辨率、高深宽比的体硅微机械加工技术下获得了亚微米的加速度计敏感间隙,克服了以往体硅微机械加速度计因为 ICP 刻蚀误差很难做到间隙小于 1 μm 的高深宽比工艺限制。该加速度计的初始间隙为 1.9 μm,在激励电压作用下可以递减到 0.8 μm,静态电容由 6.0 pF 增加到 6.2 pF,工作灵敏度达到了 0.41 pF/g。

我国对 MEMS 的研究始于 20 世纪 90 年代初,在科学技术部、教育部、中国科学院、国家自然科学基金委员会的重点支持下,经过三十多年的发展,在多种微传感器和微执行器等方面已经有了一定的基础和技术储备。国内从事微机械加速度计研制的单位主要有清华大学、北京大学、哈尔滨工业大学、电子科技集团、南京理工大学、中科院上海微系统所、浙江大学、电子科技大学、国防科技大学等。

1999 年,清华大学研制成功了一种新型的谐振式加速度传感器;2000 年,中科院上海微系统所设计出一种变面积结构的微机械电容式加速度传感器;2002 年,北京大学微电子所开发了一种采用体加工工艺的三轴差分电容式微机械加速度计;2007 年,哈尔滨工业大学 MEMS 中心研制成功了一种闭环模拟输出电容微机械加速度计接口 ASIC 芯片,噪声密度达到 8 $\mu g/Hz^{\frac{1}{2}}$;2007 年,国防科技大学研制成功了单片集成的高性能压阻式三轴高 g 加速度计。

目前,国内外对微机械加速度计的研究主要集中于在现有的工艺条件下对系统性能的提高,包括灵敏度、带宽、线性度、噪声特性、稳定性等,以及对制约微机械加速度计发展的关键技术进行研究,包括新的制作工艺、微型封装和接口电路的单片集成等。

3.2 微机械加速度计的系统集成技术

随着 MEMS 技术和微电子加工工艺的不断成熟,微机械加速度计的系统集成程度不断提高,体积和功耗不断减小。微机械加速度计的系统集成类型包括两种,即基于表面微机械加工工艺的单片集成和基于体硅工艺与标准 CMOS 工艺的多片集成。

单片集成是将微机械加速度计的敏感结构和信号处理电路制作在同一芯片上,该方案可以减小传感器与接口电路之间的寄生电容和芯片面积。目前,单片集成的微机械加速度计制作工艺可分为 Pre-CMOS、Post-CMOS 和 Intra-CMOS 三种。由于工艺的兼容性问题,这三种工艺都是表面微机械加工工艺和 CMOS 工艺的集成,所制作的敏感结构质量块小、静态电容低、机械噪声高。

单片集成的典型代表为美国模拟器件(Analog Device,AD)公司的 ADXL 系列集成加速度计。AD 公司于 1989 年开始进行单片集成的叉指电容式微机械加速度计研究,并于 1993 年投产,推出了基于汽车应用的 ADXL50 加速度计,系统带宽 1 kHz,测量范围为 $\pm 50g$,灵敏度为 20 $mV/(m \cdot s^{-2})$。图 3.3 (a)和图 3.3(b)分别为 ADXL50 整体芯片与敏感结构示意图。1996 年,AD 公司又推出了第二代加速度计产品 ADXL05,其测量范围是 $\pm 5g$。

1998 年,AD 公司成功推出了多款双轴加速度计产品,量程从 $\pm 2g$ 到 $\pm 1\,000g$,采用表面工艺制作,在一块芯片上集成了双轴加速度敏感元件和信号处理电路。其中,双轴数字输出加速度计 ADXL202 的量程为 $\pm 2g$,带宽可以通过外界电容从 0.01 Hz 调整至 5 kHz,噪声水平为 500 $\mu g/Hz^{\frac{1}{2}}$,采用脉宽调制输出,可直接输出数字量，或者通过滤波转换成模拟量。2006 年，AD 公司推出集成在单芯片上的三轴加速度计产品 ADXL330。作为 AD 公司三轴加速度计系列的首款产品，ADXL330 非常适合于低功耗、小封装和高可靠的三轴检测应用领域，其量程为 $\pm 3g$，电源电压范围为 2.0 ~ 3.6 V，X、Y 轴的带宽范围为 0.5 Hz ~ 1.6 kHz，Z 轴的带宽范围为 0.5 ~ 550 Hz。

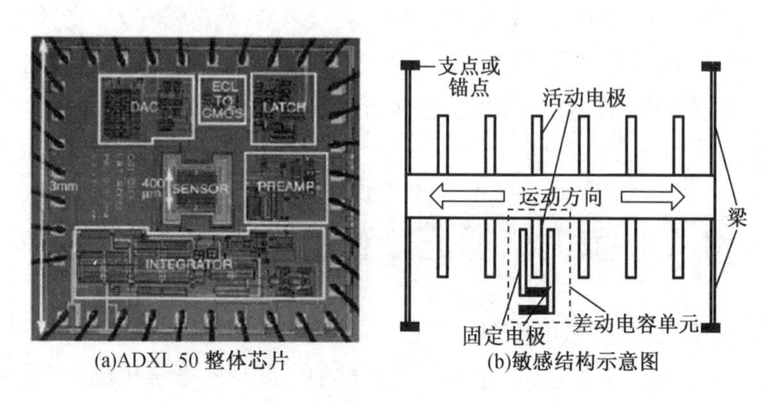

(a)ADXL 50 整体芯片　　(b)敏感结构示意图

图 3.3　ADXL50 整体芯片与敏感结构示意图

2009 年 4 月，AD 公司又推出了单芯片集成的 ADXL346 系列三轴加速度计，量程范围包括 $\pm 2g/4g/8g/16g$，采用数字输出方式，带有 ISP 或 I2C 数字接口，非常适合于移动通信设备使用，封装后整体结构厚度仅为 0.95 mm。

除了 AD 公司外，Novasensor、ICsensor、Endevco、Silicon Design 等公司也都成功地开发出了单片集成的微机械加速度计，并投放市场。加州大学伯克利分校、卡内基梅隆大学所研制的微机械加速度计也都采用单片集成方式。

双片集成的微机械加速度计的敏感结构采用体硅工艺，接口电路采用标准 CMOS 工艺制作，通过金属压焊线将敏感结构和接口电路连接起来。这种方案使敏感质量块质量大幅增加，静态电容值由几百飞法变为几十皮法，大大降低了机械噪声。根据目前的产品和相关文献报道，高精度微机械加速度计皆采用双片集成方式。

图 3.4 为 Colibrys 公司的 SF1500 微机械加速度计解剖图，该加速度计的敏感结构和接口电路分别采用体硅工艺和标准 CMOS 工艺制作，将敏感结构、接口电路及处理器进行混合集成。接口电路采用开关电容积分器结构，利用时序电路分时对电容结构进行力反馈与电荷采样，电源电压范围为 ±6 ~ ±15 V，量程为 $\pm 3g$，灵

敏度为1.2 V/(m·s^{-2})，非线性度为0.1%，噪声密度为500 ng/Hz$^{\frac{1}{2}}$。利用其电容结构的高灵敏度，可以将整体传感器的动态范围扩展到120 dB。

图3.4　Colibrys公司的SF1500微机械加速度计解剖图

双片集成微机械加速度计的另一个典型代表是2005年美国密歇根大学研制的一种与CMOS工艺兼容的高深宽比SOG面内电容式加速度计，如图3.5所示。其敏感结构质量块采用单晶硅材料制作，厚度为120 μm，极板间距为3.4 μm，采用3层掩膜，5步工艺制作，完全与CMOS工艺兼容。接口电路采用0.5 μm CMOS工艺加工，采用过采样Sigma-Delta调制结构，芯片面积为2.6 mm×2.4 mm，电路输入失调只有370 μV，检测精度达到20 aF。开环模式下，其系统动态范围106 dB，灵敏度为40 mV/(m·s^{-2})，输入参考噪水平为79 μg/Hz$^{\frac{1}{2}}$。

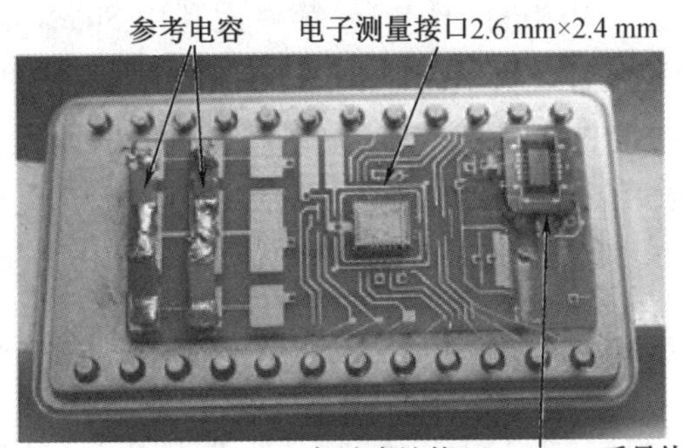

(a)传感器照片

图3.5　美国密歇根大学的SOG面内电容式加速度计

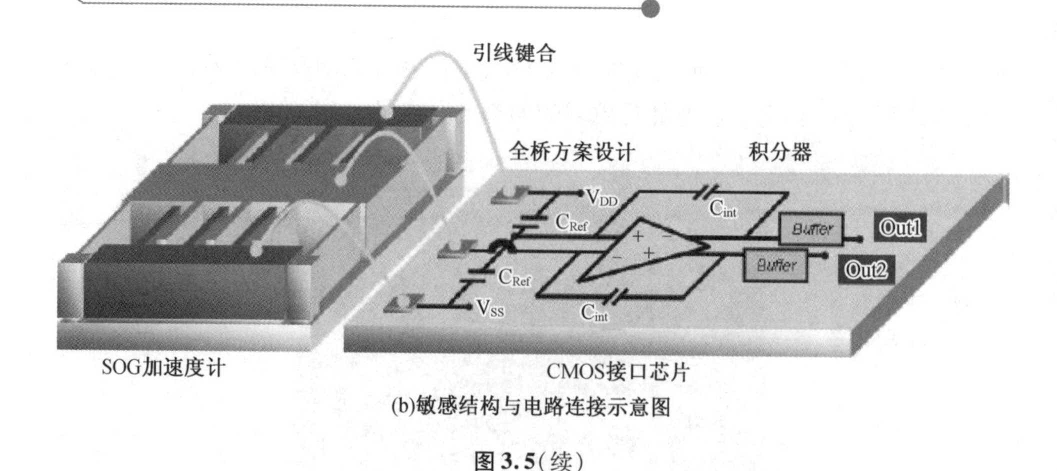

(b)敏感结构与电路连接示意图

图3.5(续)

目前,国外单片集成和双片集成的微机械加速度计已经非常成熟,并实现了商品化生产,国内的微机械加速度计接口电路的 ASIC 集成才刚刚起步。无论从实用化角度,还是从降低成本、减小体积、提高系统性能角度考虑,单片集成和双片集成方式都备受青睐。目前,我国还不具备表面工艺条件,无法实现微机械加速度计的单片集成,因此,双片集成的微机械加速度计成为当前国内研究的重点。

3.3 微机械加速度计 Sigma-Delta 接口电路的研究状况

闭环数字微机械加速度计接口电路利用 Sigma-Delta 调制技术,同时实现了闭环反馈和数字输出。随着微机电系统技术的发展,Sigma-Delta 调制技术也被引入到微机械传感器设计中。1990 年,Henrion 第一次利用 Sigma-Delta 反馈技术实现了数字闭环微机械加速度计,从此,低噪声、高稳定性、高灵敏度、低功耗的微机械加速度计 Sigma-Delta 接口电路研究迅速开展起来。同时研究人员对 Sigma-Delta 接口电路的噪声特性、稳定性和敏感结构的等效电学模型也开展了大量的研究工作。

3.3.1 微机械加速度计 Sigma-Delta 接口电路的研究现状

根据微机械加速度计系统中积分器的个数,Sigma-Delta 接口电路分为二阶结构和高阶结构。二阶结构仅利用具有低通滤波特性的敏感结构作为二阶积分器,该结构电路简单,稳定性高,但噪声整形能力弱,量化噪声高。高阶结构在敏感结构的后端级联电学积分器,能够提供更好的量化噪声整形,所以噪声低,但稳定性差。

图3.6为1999年加州大学伯克利分校设计的微机械加速度计二阶Sigma-Delta接口电路图,该电路采用全差分结构消除开关电荷注入和衬底噪声产生的共模干扰,提高电源抑制比的同时减小了谐波失真;利用开关电容电荷积分器实现差动电容到电压的转换,在前级放大器中加入了输入共模反馈电路,抑制了输入共模电压漂移,减小了前级电路热噪声;在电荷积分器和放大器之后加入相关双采样电路消除低频1/f噪声,补偿了运放的有限增益和有限带宽的影响;在前馈通路中设置前置补偿器,对欠阻尼的敏感结构进行补偿,确保系统的稳定性;利用敏感结构的二阶低通特性构成二阶Sigma-Delta闭环反馈,通过量化器输出判断反馈电压施加在上极板或下极板;采用表面工艺实现敏感结构与接口电路的单片集成的三轴加速度计,X、Y、Z三个方向的噪声分别为110 $\mu g/Hz^{\frac{1}{2}}$、160 $\mu g/Hz^{\frac{1}{2}}$、990 $\mu g/Hz^{\frac{1}{2}}$,三个方向的动态范围分别为84 dB、81 dB、70 dB。该电路的缺点是由于采用两极板的单端反馈,降低了系统的线性度,同时由于采用表面工艺,噪声比较大。

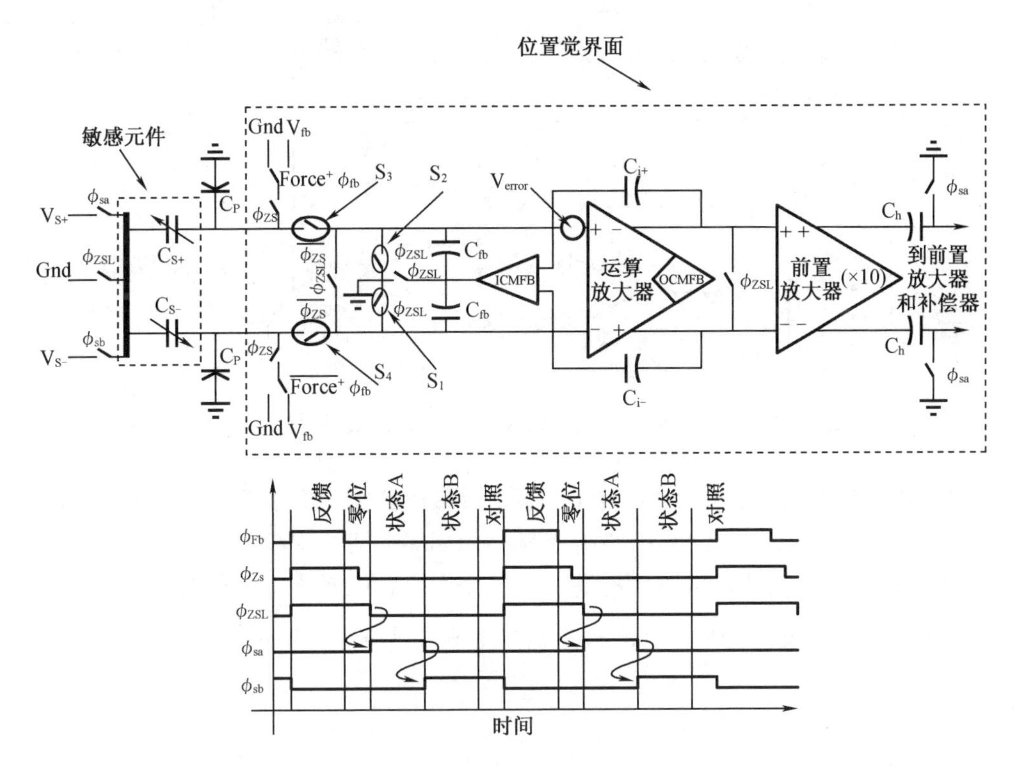

图3.6 加州大学伯克利分校利设计的微机械加速度计二阶Sigma-Delta接口电路

1998 年,英国的考文垂大学设计了一种采用后置补偿方式的微机械加速度计二阶 Sigma-Delta 接口电路,如图 3.7 所示。在该单端结构的电路中,反馈力和驱动信号都被施加在上下极板,驱动信号采用高频、小幅值的正弦信号,反馈电压为低频、大幅值信号,敏感电极两端的静电力由反馈电压决定。反馈力施加在上下极板,解决了质量块被一端电极吸引的问题,这是因为当受到大的冲击时,靠近质量块的一端电极接地,而另一端电极被施加大的反馈力,质量块可被迅速拉回初始位置。该加速度计灵敏度为 0.6 V/(m · s^{-2}),线性度为 2%,量程为 ±4g。

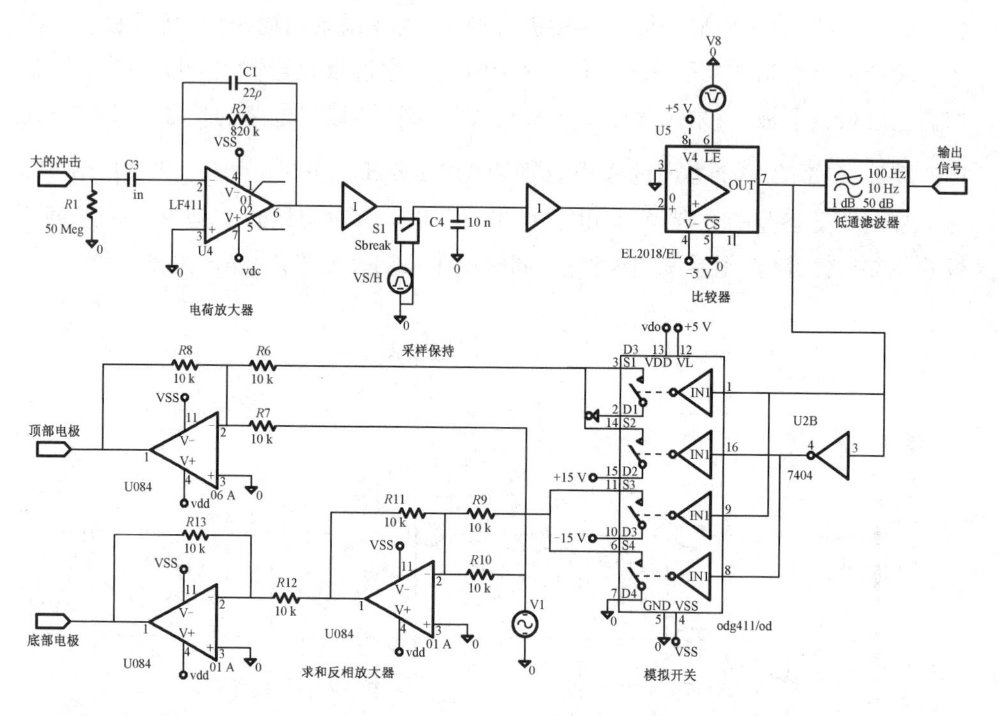

图 3.7　考文垂大学设计的一种采用后置补偿方式的微机械加速度计二阶 Sigma-Delta 接口电路

2002 年,德国慕尼黑大学设计了一种高灵敏度的 MEMS 加速度计 Sigma-Delta 接口电路,如图 3.8 所示。该电路结合 Sigma-Delta 反馈结构和负弹性系数提高了机械灵敏度,同时带内的电噪声和量化噪声都得到优化,动态范围得到提高。该加速度计机械灵敏度为 118 aF/(m · s^{-1}),参考输入噪声为 3.3 mg/Hz$^{\frac{1}{2}}$。

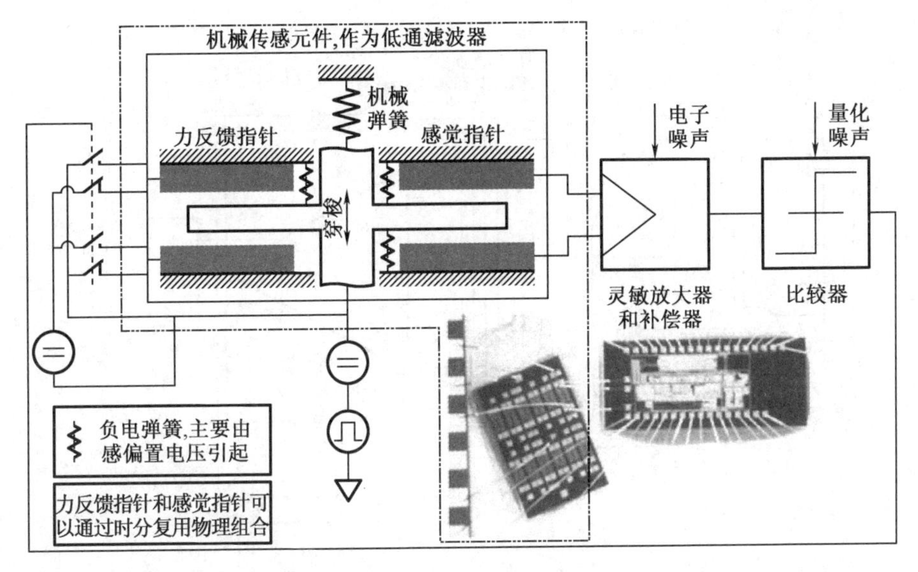

图 3.8　慕尼黑大学设计的一种高灵敏度的 MEMS 加速度计 Sigma-Delta 接口电路

图 3.9 为美国密歇根大学 2006 年设计的微机械加速度计二阶 Sigma-Delta 接口电路,前级电路采用了相关双采样(CDS)技术消除了运放失调、低频噪声和补偿放大器的有限增益,采用两个固定参考电容与敏感电容一起构成平衡式全桥电路。该电路的动态范围为 120 dB,最小分辨电容小于 10 aF,灵敏度为 960 mV/(m · s^{-2}),开环噪声为1.08 $\mu g/Hz^{\frac{1}{2}}$,闭环噪声为 10 $\mu g/Hz^{\frac{1}{2}}$,质量块残留运动是闭环噪声的决定因素。传感器直接输出数字信号,可与处理器直接相连,不需要外接模数转换器。

2006 年,西班牙巴塞罗那大学设计了一种基于栅 MOS 电容的微机械加速度计二阶 Sigma-Delta 接口电路,如图 3.10 所示。在该电路每个电容都采用一对两级板相反的并联 MOS 电容,以减小由于电容值对栅电压的依赖而造成的调制器性能下降。在 250 kHz 采样频率、256 倍的过采样率下,调制器可以获得 14 b 的转换精度。

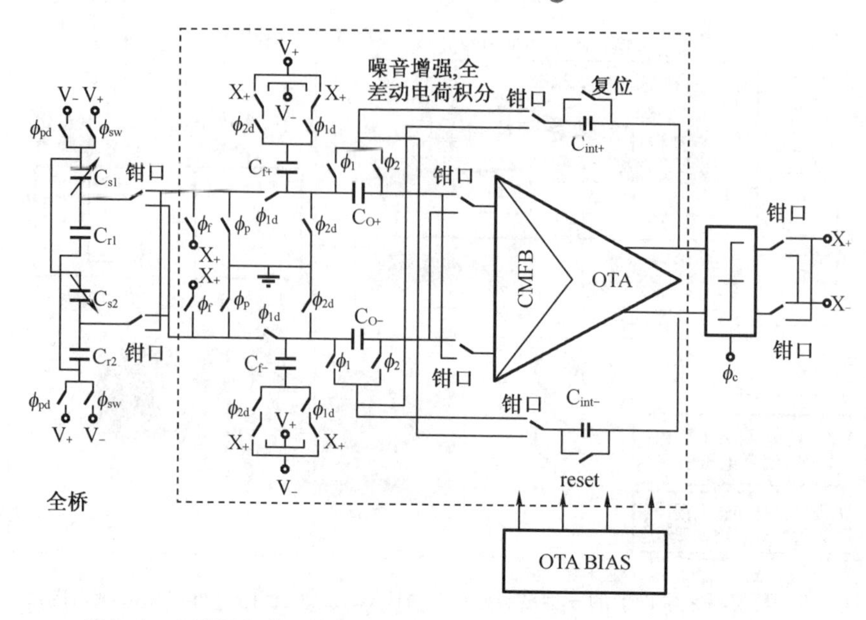

图 3.9　密歇根大学设计的微机械加速度计二阶 Sigma-Delta 接口电路

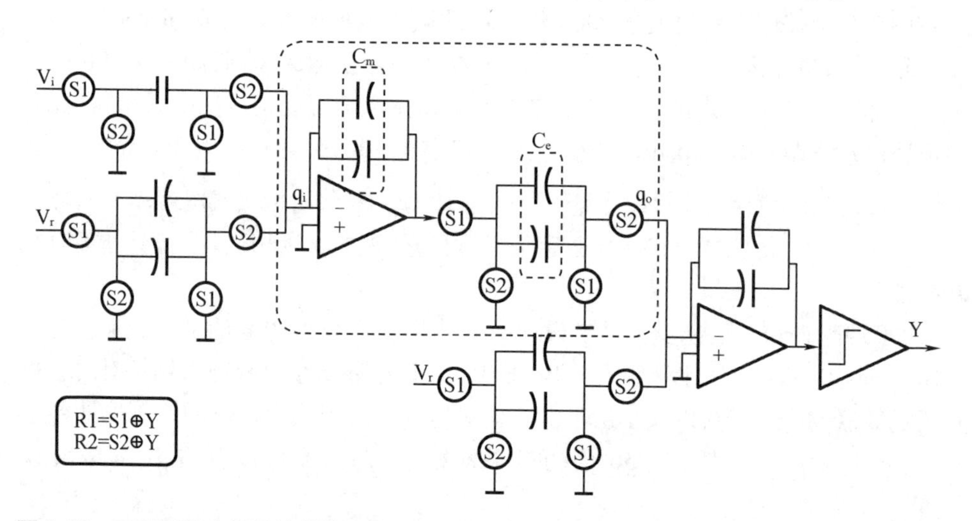

图 3.10　巴塞罗那大学设计的基于栅 MOS 电容的微机械加速度计二阶 Sigma-Delta 接口电路

由于敏感结构的直流增益非常低,因此微机械加速度计二阶 Sigma-Delta 具有较高的量化噪声,为了进一步提高系统精度,近年来各国学者将研究重点转移到高阶 Sigma-Delta 接口电路上来。

图 3.11 为 2005 年加州大学伯克利分校报道的一种微机械加速度计四阶

Sigma-Delta 接口电路,该电路在敏感结构后级联两个积分器,具有四阶噪声整形功能,积分器采用前馈求和结构设计,这种结构不包含敏感结构的旁路,补偿零点的位置仅由电容比例确定,容易控制,并且不易受到温度和其他干扰的影响。该电路采用0.5 μm CMOS 工艺流片,芯片面积为 0.9 mm^2,电源电压为 5 V,功耗为 13 mW,噪声密度为 150 $\mu g/Hz^{\frac{1}{2}}$。

高阶结构的另一个典型代表为 2006 年佐治亚理工大学设计的微机械加速度计四阶 Sigma-Delta 接口电路,其电容结构包括检测梳齿与静电驱动梳齿。其接口电路如图 3.12 所示,该电路采用单环四阶结构,在敏感结构后级联两个积分器,包括两种 D/A 转换,一种为敏感结构提供反馈力,另一种为积分器提供模拟反馈。电路前级采用四臂电容桥、可编程电容电荷敏感放大器。该电路电源电压为 3 V,功耗仅为 4.5 mW,动态范围为 95 dB,噪声在 20 Hz 频率下测量为 45 $\mu V/Hz^{\frac{1}{2}}$。该电路设计代表电容式 MEMS 惯性传感器接口电路的设计主流,即低功耗、高分辨、高集成和数字输出。

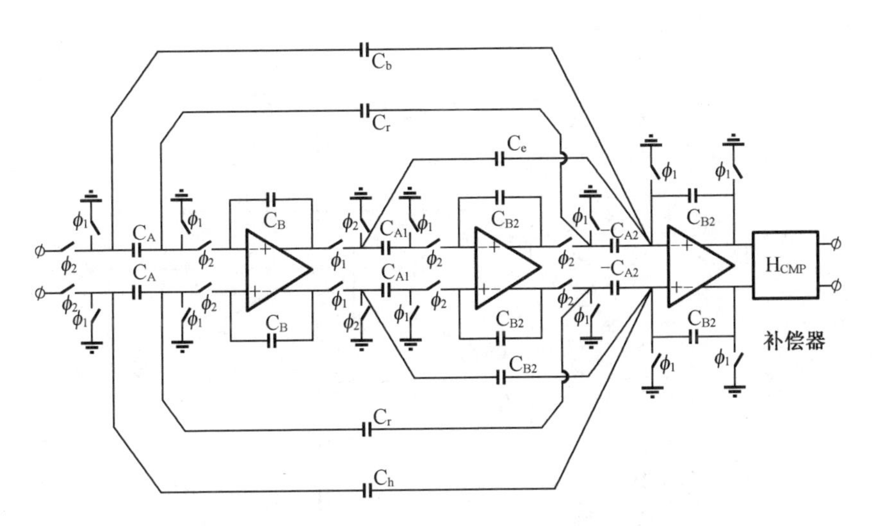

图 3.11 加州大学伯克利分校设计的一种微机械加速度计四阶 Sigma-Delta 接口电路

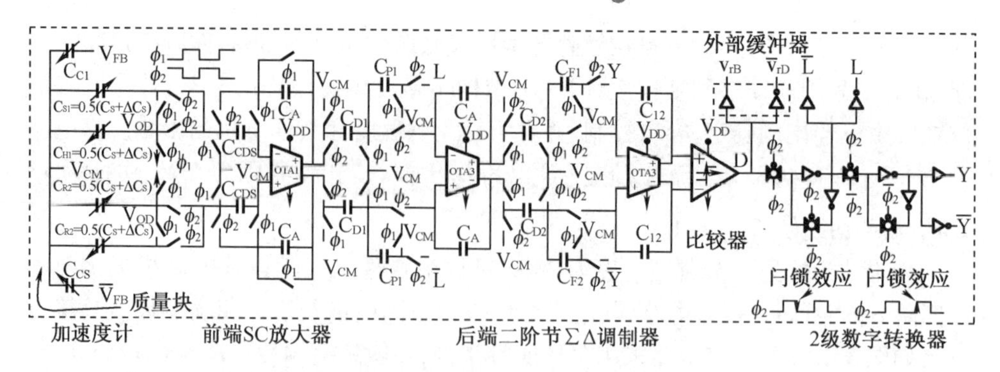

图 3.12　佐治亚理工大学设计的微机械加速度计四阶 Sigma-Delta 接口电路

2006 年，卡内基梅隆大学设计了一种高 Q 值的微机械加速度计三阶 Sigma-Delta 接口电路。为了提高信噪比，采取了三位量化方式，为解决线性度问题，反馈采用互补的脉宽密度调制。该电路在前置补偿部分采取了深度补偿方法，使相位发生较大的移位，以保证系统的稳定性。在 256 倍的过采样率下获得 80 dB 的信号 - 噪声 - 谐波失真比（SNDR），100 dB 的动态范围。

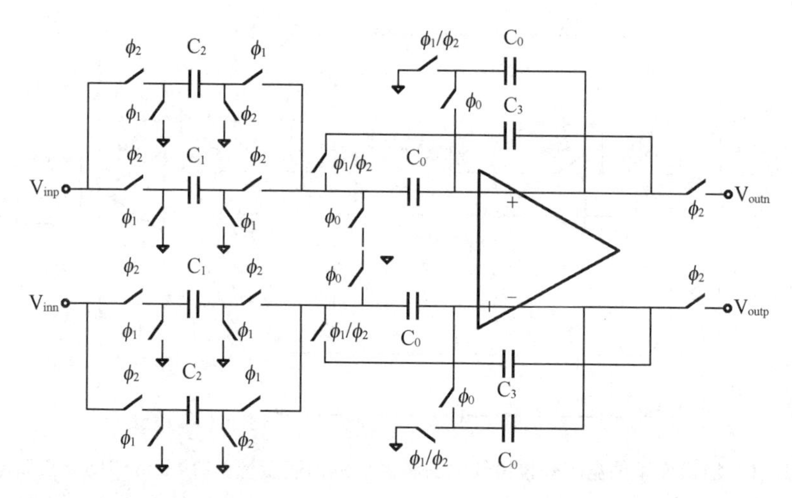

图 3.13　卡内基梅隆大学设计的高 Q 值微机械加速度计三阶 Sigma-Delta 接口电路

2006 年，英国南安普顿大学设计了一种高线性度的微机械加速度计五阶 Sigma-Delta 接口电路，通过在敏感结构后端级联三个积分器构成五阶 Sigma-Delta 调制结构，设计了一种新型的反馈结构，对反馈力添加一项线性化因子，消除了反馈力与质量块位移的关系，提高了系统线性度，如图 3.14 所示。该电路采用 PCB

方式制作,噪声密度为 45 μV/Hz $\frac{1}{2}$。

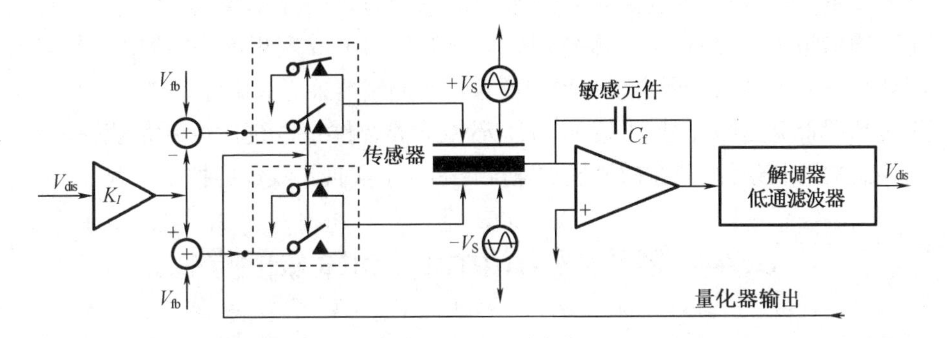

图.14 南安普顿大学设计的一种高线性度的微机械加速度计五阶 Sigma-Delta 接口电路

3.3.2 微机械加速度计接口电路噪声稳定性研究

对微机械加速度计 Sigma-Delta 接口电路的理论研究主要在噪声、稳定性方面开展。

2006 年,密歇根大学的 Kulah 等对二阶 Sigma-Delta 加速度计中的量化噪声采用纯电学的 Sigma-Delta 调制器分析方法,建立了等效量化噪声模型,依据此模型,只要提高过采样率就可以将带内量化噪声压缩到可以忽略。加州大学伯克利分校的 Jiang 采用最小均方差法建立了 1 位量化器的准线性模型,并依据此模型得出整形前量化噪声表达式。该噪声属于白噪声,正比于闭环传感器的满量程,并且与输入信号无关。但是该模型忽略了量化器非线性特性产生的失真部分,该失真部分会严重影响调制器的动态特性,造成高阶系统中调制器的不稳定和带内噪声的增加。

2006 年,加州大学伯克利分校的 Petkov 等指出由于微机械结构的特殊性,在 Sigma-Delta 加速度计中,提高过采样率并不能有效地降低量化噪声。Petkov 将量化器看作由一个与输入信号有关的增益 Kq 和固定量化噪声组成,并指出对 K_q 影响的因素除了量化器输入信号外,还有前级电路的噪声,而且与纯电学的 Sigma-Delta 调制器中电路噪声对量化噪声影响可以忽略相比,在微机械结构中,电路噪声对系统的行为具有非常严重的影响。Petkov 通过仿真验证了自己的想法,结果表明,随着采样频率的提高,量化噪声受到了电路噪声的严重影响,衰减速度急剧下降。

对于微机械加速度计接口电路噪声稳定性的分析以往基本都是基于仿真进行

的,将系统看作一个线性系统,利用根轨迹图或零极点分布图来确定系统的稳定性。M. Lemkin 讨论了小信号输入时调制器补偿方法、低频极限环产生条件及与噪声性能关系,认为补偿零点太低,电路噪声整形能力差;而补偿零点太高,极限环又决定了输出噪声。2006 年,巴塞罗那大学的 J. M. Gomez 利用敏感结构的 z 域函数和闭环系统的传输函数得出系统稳定的条件是调制器采样频率除以过采样率必须大于传感器带宽。2007 年,J. Soen 将闭环传感器看作一个线性控制系统,提出了稳定控制的限制条件,并在微机械加速度计芯片上实现了集成的控制系统。

3.4 微机械 Sigma-Delta 调制器

微机械调制器被广泛使用在低速、高精度的模数转换器中,它通过两种方法减小带内量化噪声:过采样和噪声整形技术,从而通过减小带内量化噪声来提高系统的分辨率。随着微机电系统技术的发展,Sigma-Delta 调制技术被引入到微机械传感器设计中。由于微机械加速度计的敏感结构可以看作是质量 - 弹簧 - 阻尼的振动系统,因此具有二阶传输特性,该传输函数具有两个极点和低通频率响应特性。如果把敏感结构包围在反馈环中,敏感结构就起到二阶积分器作用,如图 3.15 所示,这样该闭环系统就提供了噪声整形的功能。

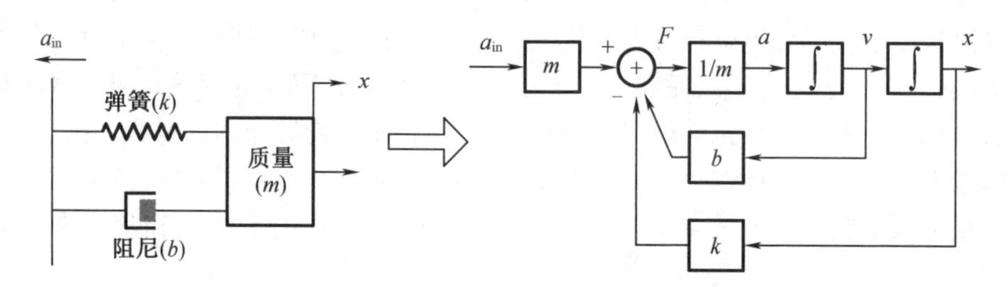

图 3.15 敏感结构组成的二阶积分器

图 3.16 是微机械加速度计闭环 Sigma-Delta 的基本结构,敏感结构除了提供差分电容变化检测及外加加速度信号外,还可利用其二阶低通特性在闭环系统中起到噪声整形的作用。

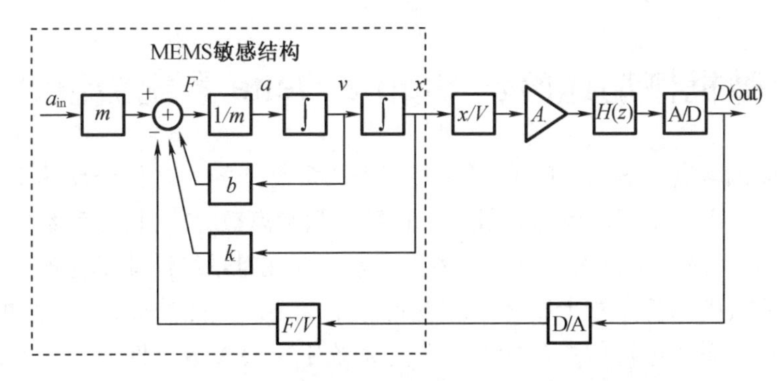

图 3.16 微机械加速度计闭环 Sigma-Delta 的基本结构

与机械结构接口的前端电路检测差分电容变化，并转换为电压输出，因此其噪声性能和灵敏度对于整个系统性能至关重要。差分电容检测电路可以采用多种方式实现，如电容－频率转换器、AC 桥及电荷积分器等。开关电容积分器由于高灵敏度，对寄生电容不敏感，不需外接元器件，能够实现单片集成等优点而成为微型电容式传感器最为广泛采用的方式。环路滤波器 $H(z)$ 对两极点的敏感结构提供补偿，确保系统具有足够的稳定裕度，同时 $H(z)$ 也可以通过插入积分器提供额外的噪声整形。调制器的阶数定义为系统开环传输函数的极点个数，由于敏感结构具有两个极点，因此仅以敏感结构作为积分器的调制器为二阶结构，如果环路中含有 L 个电学积分器，则该调制器的阶数为 $L+2$。在微机械 Sigma-Delta 调制器中，系统的阶数仅表明前置通路的极点个数，并不能反映噪声整形的能力。

与 Sigma-Delta 数据转换器中的积分器能提供非常高的直流增益不同，机械结构的直流增益可表示为

$$A_{dc}=\frac{1}{m\omega_n^2} \tag{3.1}$$

敏感结构的谐振频率通常为 1～10 kHz，机械结构形成的二阶积分器的直流增益非常低。因此微机械二阶 Sigma-Delta 调制器的噪声整形能力远远低于同阶的电学积分器，导致输出中量化噪声成分非常高，也使得纯电学的 Sigma-Delta 调制器中的量化噪声公式并不适用于微机械 Sigma-Delta 调制器。

为了获得更好的信噪比、更低的噪声密度，通常在环路滤波器中采用级联积分器构成高阶调制结构，然而对于高阶结构，增加的极点导致系统相位迅速衰减，产生了系统稳定性问题。噪声性能和稳定性是微机械高阶 Sigma-Delta 调制器中两个最重要的问题。

3.5 微机械加速度计 Sigma-Delta 系统级设计分析

微机械加速度计 Sigma-Delta 系统是一个非常复杂的混合信号反馈系统,它的模块工作在多个域下,包括机械和电学,连续时间和离散时间,模拟和数字,线性和非线性。另外,系统中机械和电学非理想因素的存在对系统性能都会产生影响,所有这些都使模拟和仿真整个闭环系统变得非常复杂。虽然如此,对包含非线性及非理想因素的系统进行仿真分析对于确定系统中主要参数对性能的影响,为设计提供指导和验证性能极为重要。本节将在微机械加速度计系统非理想因素分析基础上,采用 Matlab 的 Simulink 工具进行微机械加速度计 Sigma-Delta 系统级设计,并对非理想因素对系统性能的影响进行分析,为电路设计提供指导。

3.5.1 非理想分析与建模

在微机械加速度计 Sigma-Delta 系统中存在着各种机械的和电学的非理想因素,这些因素对系统的性能会产生强烈的影响。本节将对系统中的固定电极运动、时钟抖动、开关热噪声、运算放大器噪声进行分析和建模,为系统模型建立提供基础。

1. 固定电极运动

在电容式微机械加速度计中,活动电极在外力作用下发生位移而产生差分电容变化。事实上,除了活动电极运动外,在外力作用下,固定电极也会产生运动,从而引入了误差。

感应模式及外加加速度作用下,固定电极的偏移量是非常小的,作用在电极上的力等于电极质量与加速度的乘积,该值远远小于作用在质量块上的力。然而在反馈模式下,由于静电力相互吸引,作用在电极和质量块上的力是相等的,此时电极的位移量只由其自身的刚性决定。

当有外加力作用时,质量块产生了位移量为 y 的偏移,固定电极的上下极板受到的静电力分别为

$$F_{\mathrm{t}}=\frac{1}{2}\frac{\varepsilon A(v_{\mathrm{r}}+V_{\mathrm{fb}})^2}{(d_0-y)^2}\approx\frac{1}{2}\frac{\varepsilon A}{d_0^2}(v_{\mathrm{r}}^2+V_{\mathrm{fb}}^2)+\frac{\varepsilon A}{d_0^2}v_{\mathrm{r}}V_{\mathrm{fb}}=F_0+\Delta F \tag{3.2}$$

$$F_{\mathrm{b}}=\frac{1}{2}\frac{\varepsilon A(-v_{\mathrm{r}}+V_{\mathrm{fb}})^2}{(d_0+y)^2}\approx\frac{1}{2}\frac{\varepsilon A}{d_0^2}(v_{\mathrm{r}}^2+V_{\mathrm{fb}}^2)-\frac{\varepsilon A}{d_0^2}v_{\mathrm{r}}V_{\mathrm{fb}}=F_0-\Delta F \tag{3.3}$$

敏感质量块受到的静电力为

$$F_{tot} = F_t - F_b = \frac{2\varepsilon A}{d_0^2} v_r V_{fb} \tag{3.4}$$

因此在闭环系统中，考虑上下电极在静电力作用下产生形变的敏感结构数学模型如图 3.17 所示，图中 m_m 为敏感质量块质量，m_c 为上下电极质量，k_m 为机械弹簧弹性系数，k_c 为极板的弹性系数。

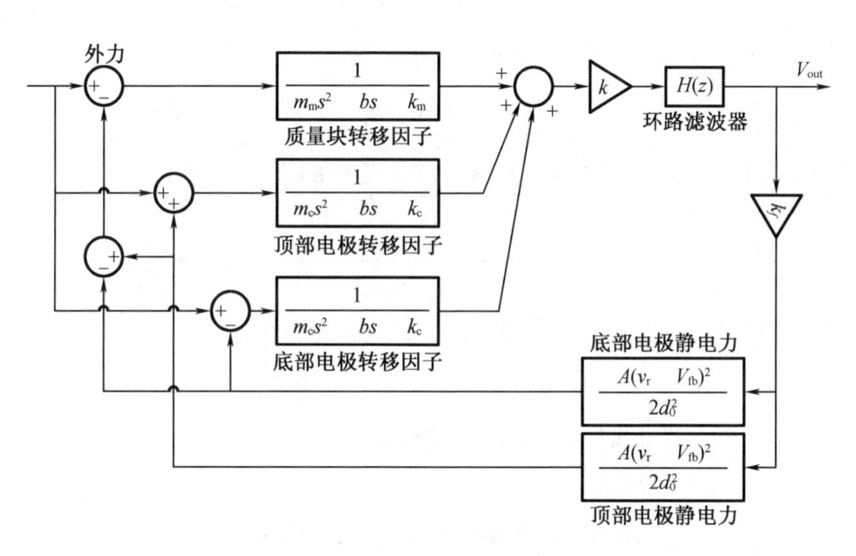

图 3.17 考虑上下电极在静电力作用下产生形变的敏感结构数学模型

2. 时钟抖动

时钟信号本身存在相位噪声，而相位噪声会造成时钟信号的上升沿和下降沿的瞬间不确定，从而导致采样时刻的不确定，这种采样时刻的不确定性就称为时钟抖动。时钟抖动会导致采样不均匀，提高量化器输出的量化误差功率。由于开关电容电路是一个采样数据系统，在每个时钟周期内实现采样电容与积分电容之间的电荷转移，所以一旦模拟信号被采样，时钟信号的波动是不会对电路性能产生影响的，因此时钟抖动对开关电容电路的影响仅仅是发生在对信号的采样时刻，也就意味着时钟抖动与调制器的结构和阶数都没有关系。

在微机械 Sigma-Delta 调制器中，采样电容为敏感结构的可变电容，输入信号为加速度信号，根据微机械加速度计信号检测原理，电荷积分器的输出为

$$V_{out} = \frac{2C_0 v_r a}{d_0 C_f \omega_0^2} \tag{3.5}$$

采样开关导通时对驱动信号 v_r 的采样过程等效于对加速度信号 a 的采样，因

此时钟抖动的作用可表示为对输入信号 a 的影响。

时钟抖动误差是抖动统计特性和调制器输入信号的函数，假设输入是幅值为 A、频率为 f_{in} 的正弦信号 $x(t)$，采样频率为 f_s，且采样时间的误差是 δ，则产生的误差为

$$x(t+\delta)-x(t)\approx 2\pi f_{in}\delta\cos(2\pi f_{in}t)=\delta\frac{\mathrm{d}}{\mathrm{d}t}x(t) \tag{3.6}$$

因此，当存在在时钟抖动时信号时的实际输入为

$$V_{in}(t)=x(t)+\delta\frac{\mathrm{d}}{\mathrm{d}t}x(t)=A\sin(2\pi f_{in}t)+\delta\frac{\mathrm{d}}{\mathrm{d}t}A\sin(2\pi f_{in}t) \tag{3.7}$$

根据式(3.7)，含有时钟抖动的输入信号模型如图 3.18 所示。

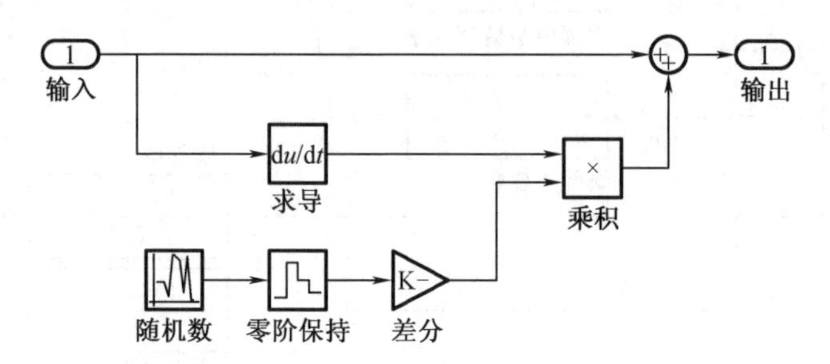

图 3.18　含有时钟抖动的输入信号模型

3. 开关热噪声

热噪声是由于载流子的随机热运动引起的，其属于宽带白噪声。采样开关热噪声由开关电容的时间常数和运放的带宽决定。在每一次采样过程中，开关热噪声也同时被采样到采样电容上，引起输出误差。对于一个导通电阻为 R_{on} 的开关，被采样到采样电容上的总的热噪声可表示为

$$e_T^2=\int_0^{\infty}\frac{4kTR_{on}}{1+(2\pi fR_{on}C_s)^2}\mathrm{d}f=\frac{kT}{C_s} \tag{3.8}$$

式中，k 为波尔兹曼常数，T 为绝对温度，$4kTR_{on}$ 为开关导通电阻的噪声功率密度。开关热噪声也直接叠加在输入信号上，因此受开关热噪声影响的输入信号为

$$x'(t)=x(t)+e_T(t)=x(t)+\sqrt{\frac{kT}{C_s}}n(t) \tag{3.9}$$

式中，$n(t)$ 表示高斯随机分布。根据式(3.9)，含有开关热噪声的输入信号模型如图 3.19 所示。

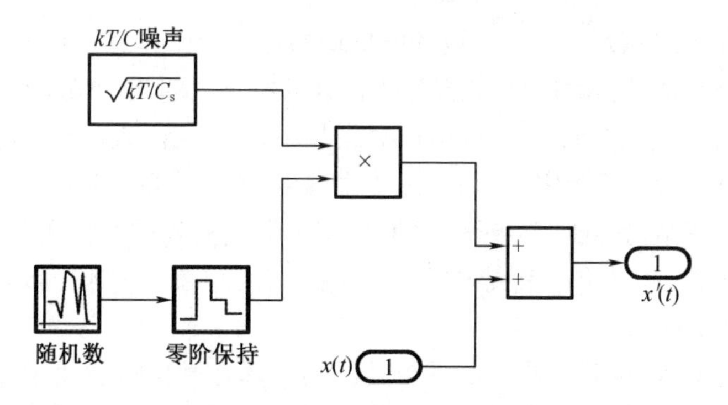

图 3.19 含有开关热噪声的输入信号模型

4. 运算放大器噪声

运算放大器噪声是系统的主要噪声源,采用相关双采样技术,可以有效地降低 $1/f$ 噪声和运放失调,因此运算放大器的噪声主要为运放的热噪声。运算放大器的热噪声可表示为

$$V_{\text{in-opa}} = bV_{\text{n}} \tag{3.10}$$

式中,b 为噪声折叠导致的放大倍数,V_{n} 为运放的输入参考热噪声,则有

$$V_{\text{n}} = \sqrt{\frac{\pi f_{\text{c}}}{f_{\text{s}}} \frac{16kT}{3g_{\text{m}}}} \tag{3.11}$$

如果用一个随机信号产生噪声,运算放大器噪声的模型如图 3.20 所示。

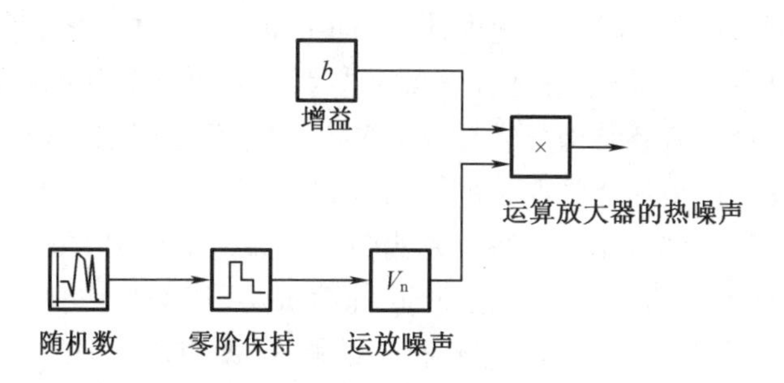

图 3.20 运算放大器噪声模型

3.5.2 微机械加速度计 Sigma-Delta 系统设计

微机械加速度计 Sigma-Delta 系统主要包括三种结构,即单环结构、前置求和结构(Interpolative 结构)、级联结构(MASH 结构)。单环结构是最适用于微机械力

平衡反馈系统的结构方式。由于敏感质量块的运动速度是不可控的，并且传感器输出的是一个非常微弱的信号，以及噪声注入的影响，感应节点处的反馈是不希望存在的，因此带有多路反馈的 Interpolative 结构并不适用。另一方面，微加工制作的传感器具有很大的不确定性，加工过程中温度、空气中的电荷，以及其他环境因素都可能对敏感结构性能产生影响。在设计阶段，传感器的特性还不确定，其二阶量化噪声整形能力依赖于其结构参数，因此依靠精确的量化噪声消除方式的 MASH 结构并不适用。

基于以上原因，单环结构是最理想的结构选择。微机械加速度计 Sigma-Delta 系统由信号输入、敏感结构、增益、环路滤波器、反馈等部分组成。信号输入部分包含时钟抖动和采样开关热噪声；敏感结构由质量块和上下电极三个传输函数构成；增益为质量块位移到电荷积分器的输出电压增益；环路滤波器包括前置补偿和电学积分器。结合上节中分析的非理想因素及所建立的模型，并考虑机械噪声，微机械加速度计四阶 Sigma-Delta 系统的 Simulink 模型如图 3.21 所示，如果将该图中的电学积分器部分去掉，该系统就变为微机械加速度计二阶 Sigma-Delta 系统。

在该系统中，假设时钟抖动为 10 ns，开关热噪声为 10 $nV/Hz^{1/2}$，运放输入热噪声为 50 $nV/Hz^{1/2}$，固定极板的弹性系数为 2 000 N/m，前置补偿系数 $\alpha=0.5$，积分器增益 $b_1=b_2=0.5$，输入幅值为 $\pm 1g$、250 Hz 正弦信号，在 256 kHz 采样频率、128 倍过采样率（OSR）下，微机械加速度计二阶和四阶 Sigma-Delta 系统的输出频谱如图3.22所示。由结果可知，四阶结构的信号－噪声－谐波失真比（SNDR）为 92.7 dB，有效位（ENOB）为 15.10 b。二阶结构 SNDR 为 70.1 dB，ENOB 为 11.36 b，很显然该值远低于微机械加速度计 Sigma-Delta 系统的理论计算值。对于采用 1 位量化的调制器，其系统本身具有很高的线性度，因此 SNDR 的损耗主要由高量化噪声造成。在这里敏感结构虽然有两个极点，但这两个极点都位于谐振频率附近，因此其提供的噪声整形能力非常弱。另外，从图 3.22 可以看出，二阶和四阶结构的频谱带宽外噪声和频率的关系分别为 30 dB/dec 和 50 dB/dec，该值分别相当于微机械加速度计一阶及二、三阶之间 Sigma-Delta 系统的噪声整形能力。在二阶结构的频谱图中，在信号的倍频点出现很多谐波，这说明量化器的输出和输入信号相关性很高，量化噪声不再是白噪声。而四阶结构由于额外的电学积分器加入，使得量化噪声被随机分布在整个频带内，消除了谐波。

敏感结构有限的谐振频率会导致调制器输出数字流中产生了一个死区，此时输出不再随输入而变化。微机械加速度计二阶 Sigma-Delta 系统中，死区的影响可能比其他任何噪声都要严重，这样死区就限制了该传感器能检测的最小加速度。如果输入信号小于死区的临界值，在输出频谱上将看不到输入信号，调制器输出的数字码不能够反映输入信号。提高采样频率可以降低死区,但会增加电路噪声、功耗和电路设计难度。在高阶结构中,由于前向通路中的电积分器在低频部分提供了很高的增益,因此可以有效地降低死区,提高系统的检测分辨率。

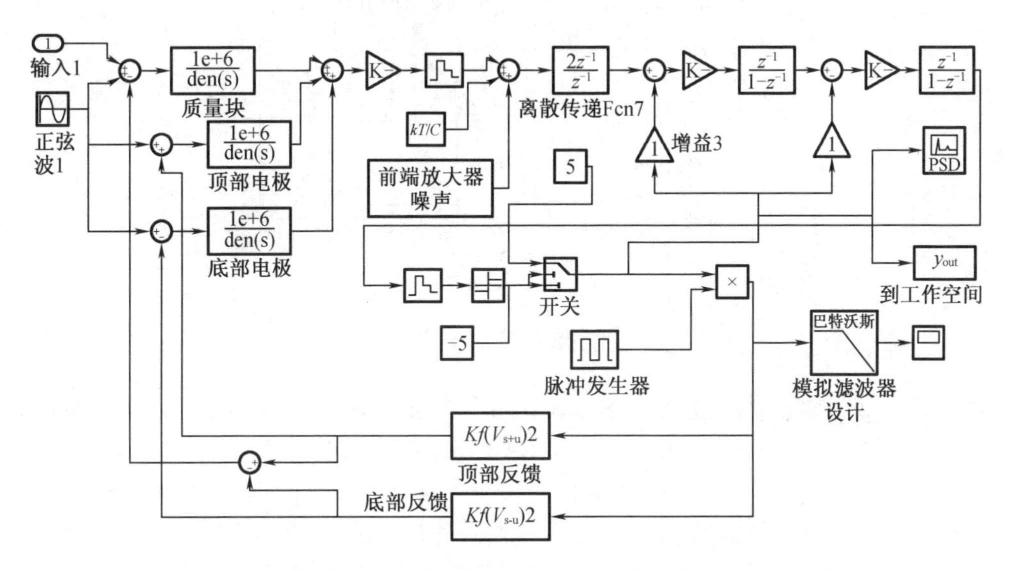

图 3.21 微机械加速度计四阶 Sigma-Delta 系统的 Simulink 模型

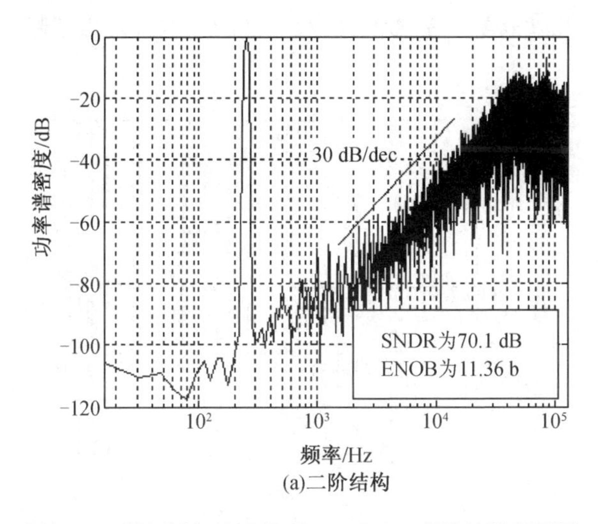

(a)二阶结构

图 3.22 微机械加速度计 Sigma-Delta 系统的输出频谱

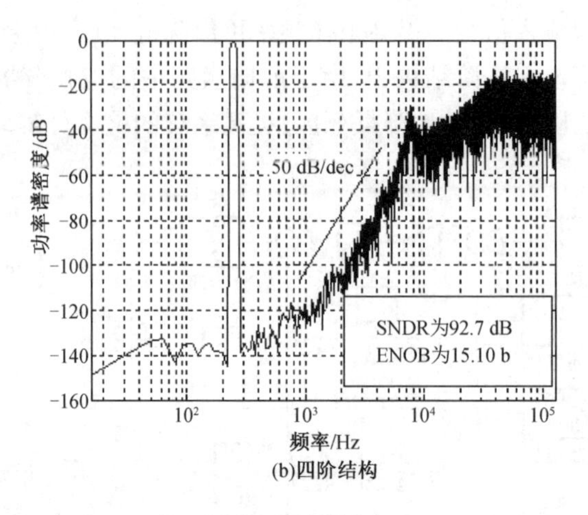

(b)四阶结构

图 3.22(续)

图 3.23 为微机械加速度计 Sigma-Delta 系统的死区特性,图 3.23(a)为二阶结构的输出频谱,此时输入 100 ng、频率 30 Hz 的正弦加速度信号,图 3.23(b)为四阶结构的输出频谱,具有与二阶结构相同的输入条件。由该图可见,当输入信号为 100 ng 时,在二阶结构的频谱图中已经无法看到输入信号,说明此时输入信号已经小于结构的死区范围。而在四阶系统的频谱图中,可以正确地分辨出微弱的输入信号,这说明该四阶微机械加速度计 Sigma-Delta 系统具有良好的死区特性,其死区低于 100 ng,因此在高阶系统的设计中,死区的影响可以被忽略。

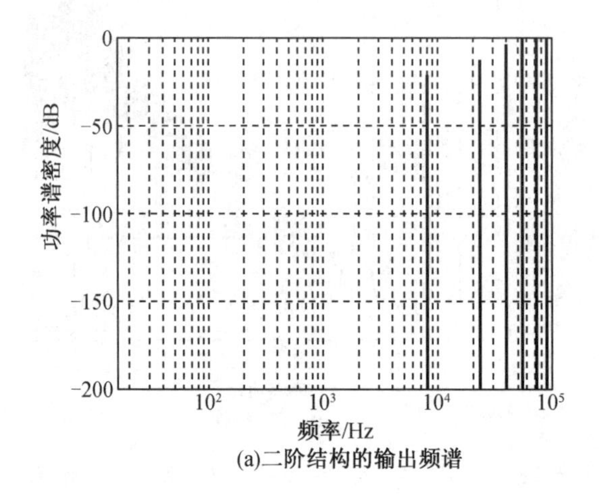

(a)二阶结构的输出频谱

图 3.23 微机械加速度计 Sigma-Delta 系统的死区特性

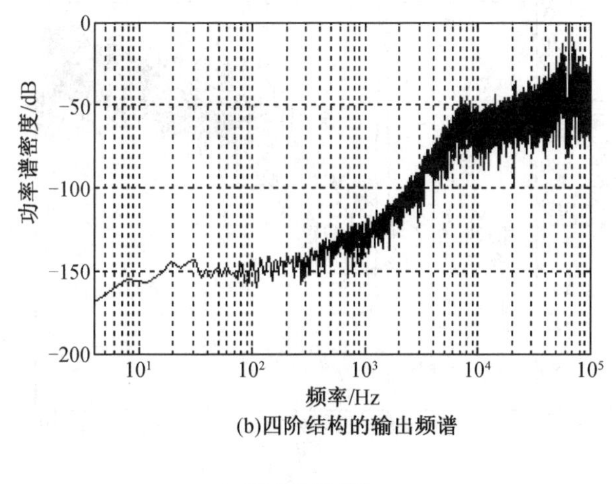

(b)四阶结构的输出频谱

图 3.23(续)

3.5.3 非理想因素对系统性能的影响

1. 固定极板运动对系统的影响

对理想的微机械加速度计 Sigma-Delta 系统和只包含固定极板运动的系统进行仿真,四阶系统中固定极板运动对系统的影响如图 3.24 所示。在这里,假设极板的弹性系数为 1 500 N/m,输入信号为 250 Hz,OSR 均为 128。此时理想的四阶微机械加速度计 Sigma-Delta 系统的 SNDR 为 99.87 dB,ENOB 为 16.3 b,而包含固定极板运动的非理想微机械加速度计四阶 Sigma-Delta 系统输出 SNDR 为 88.6 dB,ENOB 为 14.4 b。可见,固定极板运动造成了系统信噪比严重下降,并且在该图中可以看到,固定极板运动还对系统引入了谐波。

微机械加速度计系统的 SNDR 随固定极板弹性系数 k_c 的变化关系如图 3.25 所示。可以看到,在二阶和四阶系统中 SNDR 随 k_c 具有相同的变化规律,即极板弹性系数越大,极板刚性越强,系统越趋于理想化。

在四阶系统中,当弹性系数大于 2 000 N/m 后,系统的 SNDR 几乎不受固定极板的影响,SNDR 与 k_c 的关系趋于为一个平滑的直线。弹性系数小于 2 000 N/m 时,k_c 对 SNDR 的影响变得非常明显,随着 k_c 的减小,SNDR 迅速下降,k_c 微小变化就可以对输出造成极大的影响。同时,在系统仿真过程中发现,当 k_c 小于某一阈值时,系统的输出会出现严重的谐波失真,并体现出负的 SNDR。这是由于 k_c 过小时机械部分出现共振,产生很大的机械噪声,导致系统中噪声功率高于信号功率造成的。

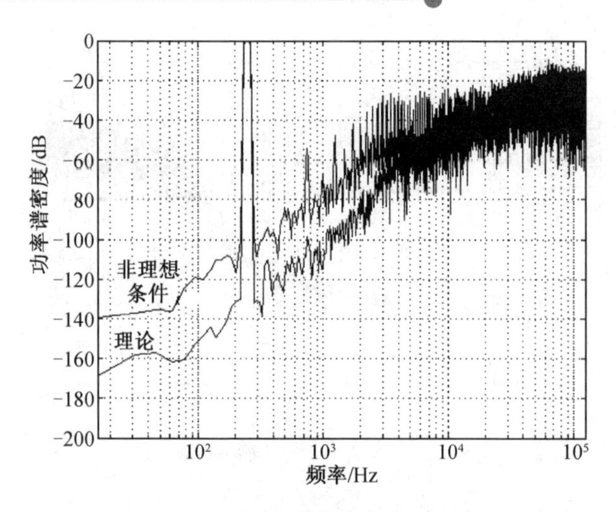

图 3.24　四阶系统中固定极板运动对系统的影响

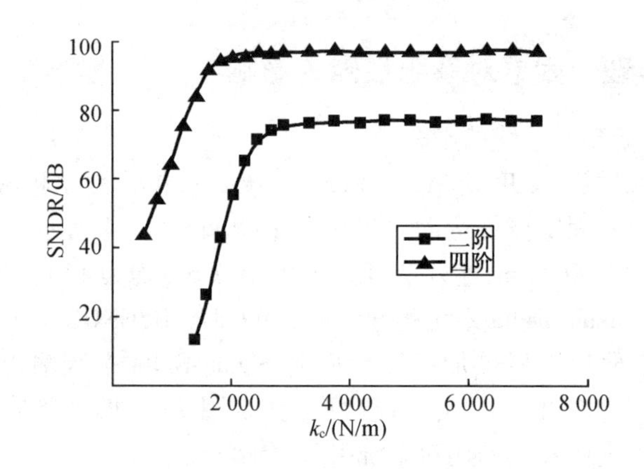

图 3.25　SNDR 随固定极板弹性系数 k_c 的变化关系

固定极板运动对二阶系统具有更为严重的影响，在该系统中，只有当 k_c 大于 3 000 N/m 后，固定极板的影响才可以忽略不计。而且可以看到，当 k_c <3 000 N/m 时，SNDR 随 k_c 的减小下降得更快，这是由于二阶系统缺少电学积分器的调制，系统中更容易出现谐波，造成 SNDR 迅速下降。

2. 电路噪声对系统的影响

电路噪声主要包括前端放大器噪声、kT/C 噪声、时钟抖动噪声等。由于 kT/C 噪声和前端放大器噪声都与采样电容 C_s 有关，下面分析采样电容对系统的影响。

采样电容对 SNDR 的影响如图 3.26 所示，在二阶和四阶系统中，系统的 SNDR 都随着采样电容的增加而提高。对于二阶系统，当 C_s 小于20 pF时，噪声影响加大,SNDR 比理想系统下降 4 dB。对于四阶系统,当 C_s 小于 20 pF 时,SNDR 下降为 97.7 dB,比理想系统下降 2 dB。当采样电容大于 20 pF 后,两个系统的 SNDR 变化都不明显。因此,为了达到低噪声,采样电容不能够太小。

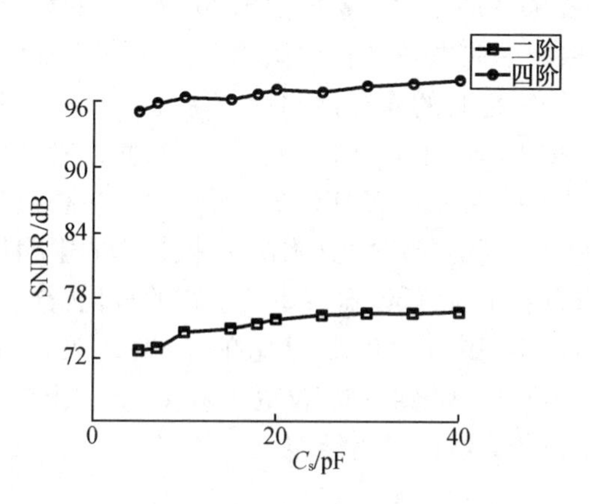

图 3.26 采样电容对 SNDR 的影响

图3.27 为时钟抖动对微机械加速度计 Sigma-Delta 系统的影响,时钟抖动的主要参数为标准差 σ。当 σ 减小时,系统的 SNDR 增大。当 σ = 20 ns 时,二阶系统 SNDR 为 79.6 dB,四阶系统 SNDR 为 94.9 dB,分别比理想情况下降了约 5 dB 和 3 dB。当 σ 小于 6 ns 时,对系统输出 SNDR 的影响可以忽略。研究表明:标准差对系统最终的输出 SNDR 影响很大,但是实际的加速度计设计很难将 σ 做到 10 ns 以下。与四阶系统相比,可以明显看出,二阶系统受电路噪声的影响更为严重。

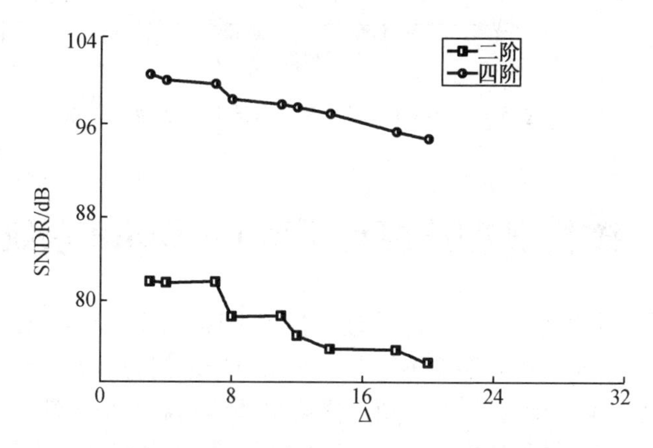

图 3.27 时钟抖动对微机械加速度计 Sigma-Delta 系统的影响

3. 谐振频率变化对系统的影响

传感器谐振频率的变化是由结构部分变化的质量块质量和弹性系数引起的。大多数 MEMS 加速度计的谐振频率在 1 ~ 10 kHz 范围内。在本书所设计的系统中,SNDR 随传感器谐振频率的变化关系如图 3.28 所示。由该结果可知,二阶和四阶系统随敏感结构谐振频率的提高具有相似的变化规律,四阶系统受谐振频率影响更小,表现出比二阶系统更好的稳定性和噪声特性。在所分析的谐振频率变化范围内,二阶系统的 SNDR 在最坏情况下下降约一半,而四阶系统的 SNDR 降低被限制在了 20 dB 左右。低阶系统的 SNDR 随着谐振频率在高频范围的提升而迅速下降,而四阶系统表现出很高的稳定性,对结构谐振频率的影响包容性更好。

另外,从该结果可以看出,在低谐振频率处系统的量化噪声更低。对于二阶系统,系统的 SNDR 在谐振频率为 1 000 Hz 处比在 4 000 Hz 处高 30 dB;对于四阶系统,系统的 SNDR 在 1 000 Hz 处比 4 000 Hz 处高 10 dB。这个结果说明降低结构的谐振频率,可以有效地改善系统的噪声性能。

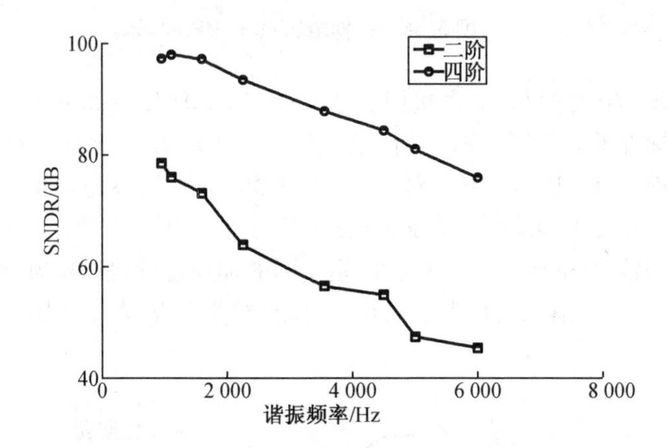

图 3.28 SNDR 随传感器谐振频率的变化关系

3.6 微机械加速度计 Sigma-Delta 系统稳定性

单环调制器的优点是在较低的过采样率下即可获得高信噪比(SNR),而且电路简单,弦音小,相对增益误差不敏感。然而单环结构的最大障碍在于调制器的稳定性问题,特别是对于高阶结构,所以高阶单环调制器的稳定性一直是研究的难点和热点。对于微机械加速度计 Sigma-Delta 系统同样存在系统稳定性问题,主要包括闭环稳定性和与输入信号相关的稳定性。

3.6.1 闭环稳定性

根据经典控制理论,系统的开环传输函数决定了闭环的稳定性。加速度计的敏感单元是具有二阶低通特性的连续时间传输函数,具有两个相距非常近的机械极点,在谐振频率附件,这两个极点会产生 -180°的相移。除此之外,在该系统中,由于采用分时复用的方法,反馈与检测具有半个时钟周期的延迟,该延迟造成了在 $f_s/2$ 处相位又下降了 90°,这种现象可以在敏感结构的离散传输函数中表现出来,如图 3.29 所示。因此不加任何补偿的闭环二阶系统条件是否稳定,取决于开环传输函数中增益交点和相位交点的位置,即主要由两个因素决定:一个是敏感结构的阻尼系数,另一个为开环增益。当敏感结构处于欠阻尼状态时,系统具有两个距离非常近的虚极点,在谐振频率附近相移达到 -180°,因此其相位交点非常低,可能使闭环系统不稳定,如图 3.30(a)所示。当环路增益较高时,系统具有较远的增益交点,也容易使闭环系统不稳定,如图 3.30(b)所示。

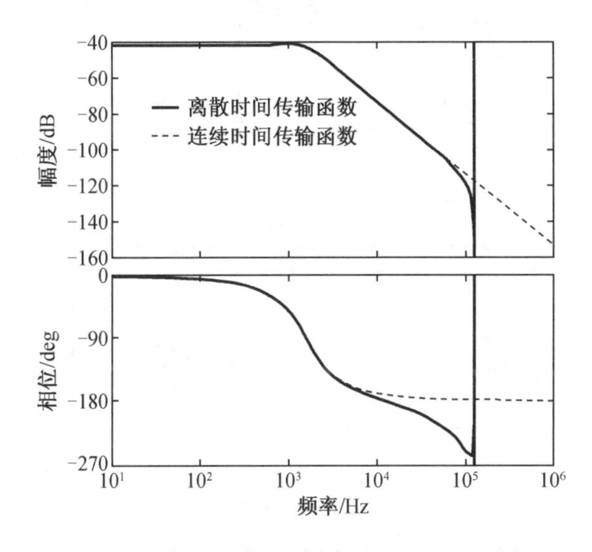

图 3.29 环路延迟对敏感单元传输特性的影响

使系统稳定的方法主要有三种:过阻尼方法、限制环路带宽、增加前置补偿器。过阻尼方法是针对敏感结构的一种改进方式,将导致机械噪声增加,需要大质量块,不适用于表面工艺。限制环路带宽是采用电学低通滤波器将环路带宽降低到谐振频率以下,这种方法降低了传感器的带宽和灵敏度。增加前置补偿器给环路传输函数增加了一个左半平面的零点,可减小单位增益频率处的相移,该方法没有前面两种方法存在的问题,电路实现简单。

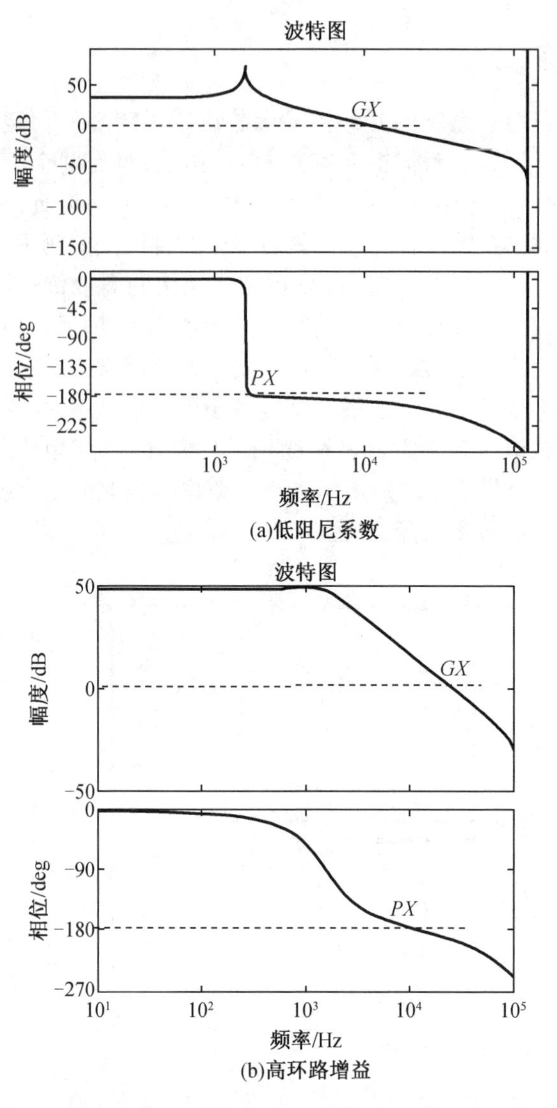

(a)低阻尼系数

(b)高环路增益

图 3.30　不稳定的微机械加速度计二阶 Sigma-Delta 系统波特图

前置补偿器的传输函数为

$$Cp(z)=1-\alpha z^{-1} \tag{3.12}$$

式中,α 表示补偿程度,α 越大,产生的前置相位越大,系统的相位裕度越大,稳定性越高。$Cp(z)$在不同 α 取值情况下的波特图如图 3.31 所示。由该图可见,在较高的补偿系数下,前置补偿器产生了较大的前置相位。但是该图也表明,随着 α 增加,前置补偿器的增益也在下降,导致系统的开环增益也逐渐下降,相应地造成了量化噪声整形能力下降，量化噪声升高。

在纯电学的 Sigma-Delta 调制器中，这种增益与相位之间的折中不会影响其噪声特性，因为电学积分器提供了非常高的低频增益，相比于该增益，α 提高带来的增益下降可以忽略不计。然而，该种情况对于仅以敏感结构作为积分器的微机械加速度计二阶 Sigma-Delta 系统却具有严重影响。这是因为，敏感结构本身的直流增益非常低，系统的环路增益也相应地比较低，噪声整形能力有限。因此，对于二阶结构，在保证稳定性的前提下，应当降低 α 值，使系统具有较好的噪声整形能力。

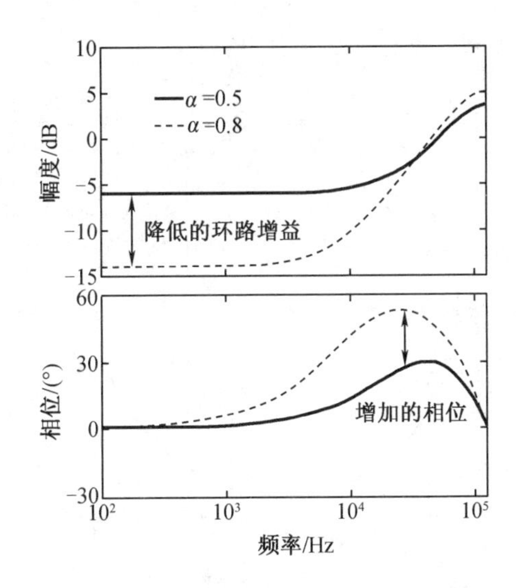

图 3.31　$Cp(z)$ 在不同 α 取值情况下的波特图

然而，随着 α 的下降，二阶系统中的极限环会逐渐往低频移动，其幅值会逐步提高。极限环是非线性系统中的一种现象，是指在输入为 0 的情况下，系统也可能产生具有一定振幅和频率的稳定的等幅振荡。如果极限环出现在高频频带内，它对系统的性能几乎不存在影响。如果系统没有采取适当的补偿，极限环就会进入低频频带内。在低频频带内，极限环会引入较强的谐波，减弱系统信噪比，造成较大的死区，从而严重影响系统的性能。

图 3.32 为微机械加速度计二阶 Sigma-Delta 系统在不同 α 值下的 z 域根轨迹图，由该图可见，在不同 α 情况下，系统的根轨迹都与单位圆存在一个交点，在该交点处，系统具有一个幅值为 A_0 的周期性振荡。假定系统因受轻微扰动使量化器的输入振幅稍有增加，系统的工作点会从单位圆的交点沿着根轨迹向单位圆内移动，这时因非线性系统为稳定系统，从而可以使量化器的输入振幅逐渐收敛到原振幅 A_0；相反，假定系统因受到轻微扰动致使量化器的输入振幅稍有减小，工作点往单

元圆外移动,由于此时非线性系统不稳定,从而可使减小了的量化器输入振幅不断增大,直到等于原振幅 A_0。由此可见,根轨迹与单位圆交点对应的周期性振荡具有抑制扰动信号的稳定性,是一个稳定的极限环。这种极限环不会影响系统的稳定性,但是会导致质量块产生周期性运动,作为一种噪声影响系统的性能。又由该图可知,随着 α 值下降,根轨迹与单位圆交点所对应的频率逐渐下降,所以极限环逐渐向低频移动。极限环所导致的质量块运动幅度可表示为

$$x_l = |H(e^{j\omega_l})|\frac{4F_{fb}}{\pi} \tag{3.13}$$

式中,ω_l 为极限环对应的频率;F_{fb}为反馈力。

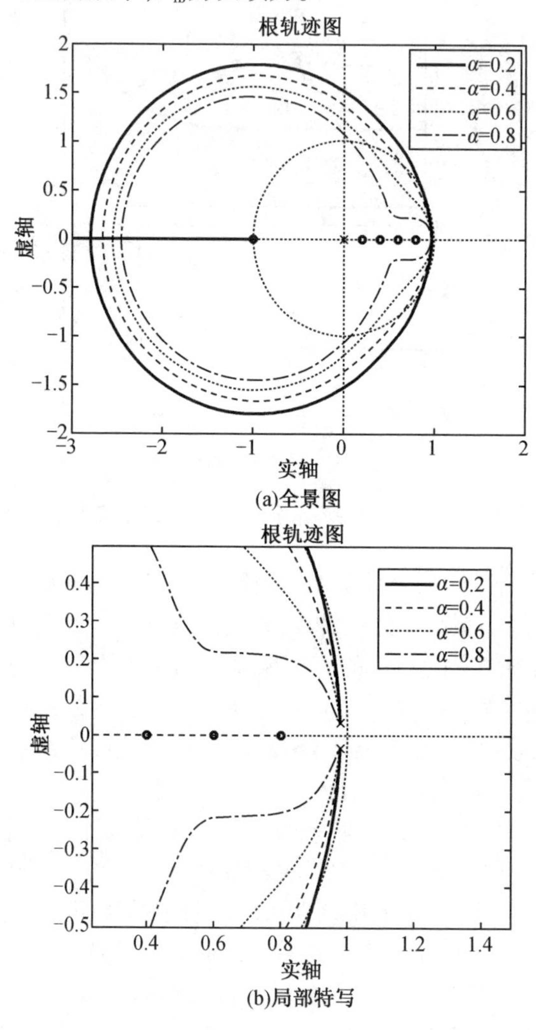

图 3.32 微机械加速度计二阶 Sigma-Delta 系统在不同 α 值下的 z 域根轨迹图

随着 ω_l 的下降，$|H(e^{j\omega_l})|$ 逐渐升高，因此极限环所导致的噪声也升高，系统信噪比下降。因此，对于二阶结构，α 有一个最优值，其最优值由敏感结构参数决定。

对于不同品质因子 Q 的敏感结构，补偿系数对系统的影响可能会产生明显的变化。提高系统的品质因子，可以减小布朗噪声，但是由于结构部分的品质因子过高，可能会产生明显的振荡，并且在冲击下的稳定较慢。如果没有合适的补偿，品质因子的提高也会使极限环向低频范围移动。

在不同 Q 值情况下，二阶系统 s 域根轨迹如图 3.33 所示。由该图可见，当 $Q=1$ 和 $Q=1\ 000$ 两种情况时，在不同 α 下，系统的特征根始终位于复平面的左半平面，说明在此条件下，系统始终处于稳定状态。这表明二阶系统对 Q 值的变化是不敏感的，不论是欠阻尼结构还是过阻尼结构，只要增加前置补偿器都很容易使系统稳定。

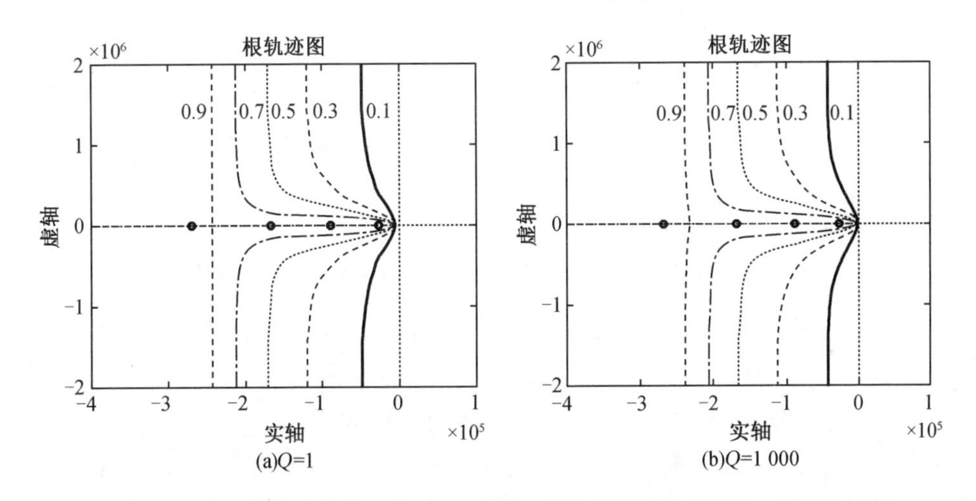

图 3.33 微机械加速度计二阶 Sigma-Delta 系统在不同 Q 值下的 s 域根轨迹图

高阶结构中，电学积分器级联在敏感结构后端，用以提供更好的噪声整形能力，但每增加一个电学积分器就会增加一个极点，每一个极点都相应地产生 $-90°$ 的相移，因此没有任何补偿的高阶结构总相移肯定超过 $-180°$。另外，由于高阶结构中非常高的低频增益，使得其增益交点位置很远，容易造成闭环系统不稳定。这给微机械加速度计高阶 Sigma-Delta 系统的稳定性设计提出了更大的挑战。

在高阶结构中，为了使系统稳定，同样在环路中增加前置补偿器，推迟相位交点到增益交点之后，以使系统稳定。微机械加速度计四阶 Sigma-Delta 系统的开环传输特性如图 3.34 所示，由该图可见，前置补偿器延缓了相位交点，确保了该闭环系统的稳定性。

由于高阶结构中增益交点非常远，前置补偿器需要提供更大的前置相位，这样就需要更大的 α 值。如前文所述，α 值增加会导致低频增益的降低，但不会对高阶结构的噪声特性产生影响，这是由于额外的电学积分器提供了非常高的低频增益，α 值增加导致的增益下降可以被忽略。另外，由于高阶结构中采用了大的 α 值，系统中的极限环出现在较高频率处，不会对系统性能产生影响。

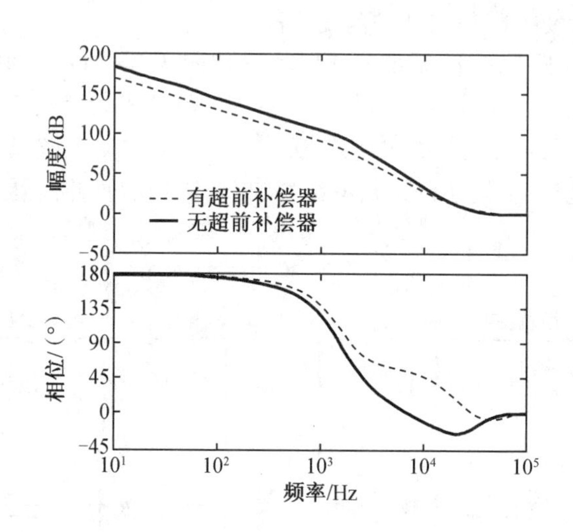

图 3.34　微机械加速度计四阶 Sigma-Delta 系统开环传输特性

不同 Q 值下，四阶系统的 s 域根轨迹随 α 的变化关系如图 3.35 所示。当 $Q=1$ 时，在不同的 α 取值下，系统的特征根始终位于复平面的左半平面，这说明此时四阶系统是稳定的。但是，当 α 为 0.1 时，系统的根轨迹非常接近虚轴，表明此时系统处于临界稳定状态，非常小的扰动都有可能使系统进入不稳定状态。随着 α 的增加，根轨迹越来越向复平面的左半平面弯曲，稳定性越来越高。当 $Q=1\ 000$ 时，α 为 0.1，0.3，0.5 时，系统的根轨迹有一部分位于复平面的右半平面，此时系统是不稳定的。只有当 α 为 0.7 以后，根轨迹才完全进入到左半平面。因此，与二阶系统不同，在高 Q 值情况下，高阶系统的稳定性受 α 的强烈影响，只有当 α 大于某个临界值时，系统才能够稳定，且随 Q 值的增加，高阶系统稳定所需要的 α 值更大。

3.6.2　输入信号相关的稳定性

随着输入信号的增加，微机械加速度计 Sigma-Delta 系统中的积分器输出可能会出现过载现象，导致系统不稳定，因此微机械加速度计 Sigma-Delta 系统还表现出与输入信号相关的稳定性问题。本节将分析微机械加速度计二阶和四阶 Sigma-Delta 系统与输入信号的相关稳定性。

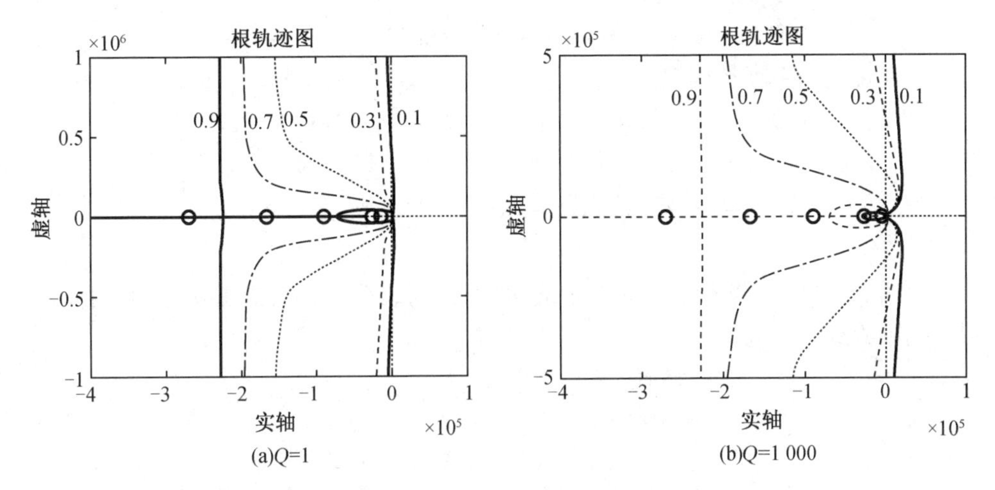

图 3.35　微机械加速度计四阶 Sigma-Delta 系统在不同 Q 值下的 s 域根轨迹图

微机械加速度计二阶 Sigma-Delta 系统的传递函数分母如式(3.14)所示，输入信号和量化噪声 k 的值分别为 k_x 和 k_y。

$$D(z)=1+K_{\mathrm{fb}}K_{\mathrm{dc}}K_{\mathrm{CV}}G(z)Cp(z)k \tag{3.14}$$

由于在临界阻尼状态下，传感器具有最大的带宽，传感器设计中往往使系统阻尼处于临界状态，此时，敏感结构的 z 域传输函数具有两个相等的接近 1 的极点和一个为 −1 的零点，因此机械结构的 z 域传输函数变为

$$G(z)=K_f\frac{z^{-1}(1-a_{\mathrm{f}}z^{-1})}{(1-b_{\mathrm{f}}z^{-1})(1-c_{\mathrm{f}}z^{-1})}\approx\frac{K_{\mathrm{f}}z^{-1}(1+z^{-1})}{(1-z^{-1})^2} \tag{3.15}$$

将 $Cp(z)$ 的表达式和式(3.15)代入式(3.14)中，可得

$$\begin{aligned}D(z)&=1+K_{\mathrm{fb}}K_{\mathrm{dc}}K_{\mathrm{CV}}K_{\mathrm{f}}k\frac{z^{-1}(1+z^{-1})(1-\alpha z^{-1})}{(1-z^{-1})^2}\\&=1+Kk\frac{z^{-1}(1+z^{-1})(1-\alpha z^{-1})}{(1-z^{-1})^2}\end{aligned} \tag{3.16}$$

因此若要满足系统稳定，特征方程 $D(z)=0$ 的所有特征根都应该位于单位圆内。为了能够直接将劳斯判据应用于以复变量表示的特征方程，可以采用 w 变换，将 z 平面上的单位圆内部区域映射为 ω 平面的左半部，即

$$z=\frac{w+1}{w-1} \tag{3.17}$$

将式(3.17)代入特征方程 $D(z)=0$ 中，可得

$$1+Kk\frac{2w(w-1)[(w+1)-\alpha(w-1)]}{4(w+1)}=0 \tag{3.18}$$

因此二阶系统的特征方程化为

$$2Kk(1-\alpha)w^3+4Kk\alpha w^2+[4-2Kk(1+\alpha)]w+4=0 \tag{3.19}$$

由此可列出劳斯行列表为

$$\begin{array}{lll} w^3 & 2Kk(1-\alpha) & 4-2Kk(1+\alpha) \\ w^2 & 4Kk\alpha & 4 \\ w^1 & -2K^2k^2(\alpha^2+\alpha)+3Kk\alpha+Kk & \\ w^0 & 4 & \end{array} \tag{3.20}$$

根据劳斯判据,若要保证系统稳定,劳斯行列表第二列各元都大于0,因此可得下列不等式。

$$\begin{cases} 2Kk(1-\alpha)>0 \\ 4Kk\alpha>0 \\ -2K^2k^2(\alpha^2+\alpha)+3Kk\alpha+Kk>0 \end{cases} \tag{3.21}$$

由于$0<\alpha<1$,因此由式(3.21)可得到k的取值范围为

$$0<k<\frac{3\alpha+1}{2K(\alpha^2+\alpha)} \tag{3.22}$$

k值随输入信号的增加而减小。式(3.22)意味着输入信号的增加不会对系统稳定性产生影响,而随着输入信号的减小,k值增大到$(3\alpha-1)/2K(\alpha^2+\alpha)$时,二阶系统的特征根会移出单位圆,实际上,这也不会影响系统的稳定性。由前面的分析可知,在该点处产生了一个稳定的极限环,形成了一个等幅的持续振荡,会影响系统的噪声特性,但不会对稳定性产生影响。所以微机械加速度计二阶Sigma-Delta系统的稳定性不受输入信号幅度的影响,在整个量程范围内都是稳定的。

微机械加速度计四阶Sigma-Delta系统信号和噪声传递函数的分母为

$$D(z)=1+K_{fb}K_{dc}K_{CV}G(z)C_P(z)k_1k_2[I(z)]^2k+k_1k_2[I(z)]^2k+k_2I(z)k \tag{3.23}$$

式中,k_1、k_2为两个电学积分器的增益系数。由于系统的稳定性随k_1、k_2的减小而提高,因此当$k_1=k_2=1$时,系统的稳定性最差。为了简化计算过程,本书将讨论最差稳定条件下,四阶系统的输入信号相关的稳定性问题。

$$I(z)=\frac{z^{-1}}{1-z^{-1}}=\frac{\dfrac{w-1}{w+1}}{1-\dfrac{w-1}{w+1}}=\frac{w-1}{2} \tag{3.24}$$

将式(3.15)、式(3.27)式(3.24)和$Cp(z)$的表达式代入四阶系统的特征方程$D(z)=0$中,并令$k_1=k_2=1$,可得

$$1+Kk\frac{w(w+1)[(w+1)-\alpha(w-1)]}{2(w+1)}\left(\frac{w-1}{2}\right)^2+k\left(\frac{w-1}{2}\right)^2+k\frac{w-1}{2}=0 \tag{3.25}$$

由此，四阶系统的特征方程可化为

$$\begin{aligned}&2Kk(1-\alpha)w^5+[4Kk(2\alpha-1)+4k]w^4+(-12Kk\alpha-8k)w^3+\\&[4Kk(1+2\alpha)+8k]w^2+[-2Kk(1+\alpha)+8k+16]w+(-12k+16)=0\end{aligned} \tag{3.26}$$

同理，可列出该特征方程的劳斯行列表表，并由劳斯行列表第二列各元素都大于0，可得如下不等式。

$$-64K^3k\alpha^3+4K^2k(30\alpha^2+19\alpha+3)+8Kk(6-10\alpha)-16K^2(10\alpha^2-11\alpha+3)>0 \tag{3.27}$$

因此可得

$$k>\frac{16K^2(10\alpha^2-11\alpha+3)}{8K(6-10\alpha)+4K^2(30\alpha^2+19\alpha+3)-64K^3\alpha^3} \tag{3.28}$$

与二阶系统中 k 的最小值大于0不同，四阶系统的 k 值要满足式(3.28)的条件，这表明当输入信号增加到一定程度以后，系统的特征根会移出单位圆。与稳定的极限环不同，此时系统会进入不稳定状态，这是因为当系统处于式(3.28)所决定的临界点时，假定系统因受轻微扰动使量化器的输入幅度稍有增加，即 k 值减小，系统的工作点由该临界点移出单位圆。由于此时系统不稳定，会使量化器的输入幅度继续增加，导致 k 值进一步减小，而使量化器的输入不断增大直至饱和。所以四阶系统的稳定性受输入信号幅度的影响，当输入信号增加到式(3.28)所决定的临界点时，系统开始进入不稳定状态。

根据劳斯判据可以得到 k 的最大值。与二阶系统相同，在该最大值点处，系统产生了一个稳定的极限环，但不会影响系统稳定性。

3.7 本章小结

本章介绍了闭环微机械加速度计 Sigma-Delta 系统的基本结构，分析了微机械 Sigma-Delta 调制器与电学 Sigma-Delta 调制器的区别，并在此基础上介绍了微机械加速度计 Sigma-Delta 系统的设计分析，以及系统稳定性、微机械和电学非理想因素对系统性能的影响。

第 4 章　微机械加速度计 Sigma-Delta 接口电路设计分析

前面的理论分析和系统设计分析为接口电路的实现提供了重要的指导意义，本章将在前面的基础上对微机械加速度计 Sigma-Delta 接口电路的设计进行分析，分别介绍四阶单端微机械加速度计 Sigma-Delta 接口电路、二阶单端数模混合输出接口 ASIC 设计、全差分微机械加速度计四阶 Sigma-Delta 接口电路的具体电路模块的实现方法。

4.1　四阶单端微机械加速度计 Sigma-Delta 接口电路

4.1.1　整体方案

本节所介绍的四阶单端微机械加速度计 Sigma-Delta 接口电路整体结构如图 4.1 所示。该电路主要包括驱动信号产生电路、电容补偿阵列、电容 - 电压转换、后级放大、前置补偿器、二阶开关电容积分器、量化器、D/A 转换、时钟信号产生电路及带隙基准源电路。机械结构作为一个二阶积分器，与二阶开关电容积分器构成四阶单端微机械加速度计系统。

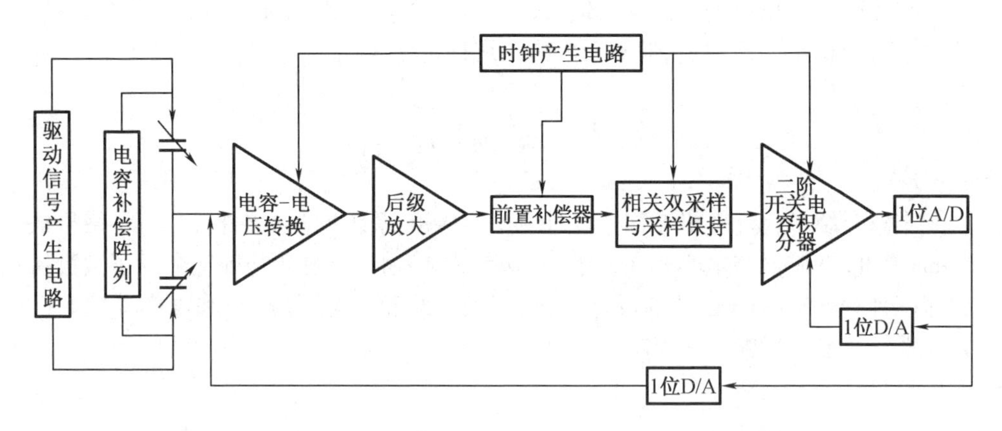

图 4.1　四阶单端微机械加速度计 Sigma-Delta 接口电路整体结构

由于敏感结构具有二阶低通滤波特性,可以作为输入信号的抗混叠滤波器,滤除部分输入噪声,因此该滤波器截止频率就是机械结构的谐振频率。由于该滤波器的模拟特性具有较宽的过渡带,不可能将所有噪声滤除,因此通过后级电路的过采样和量化,将模拟信号转化为数字信号,在数字信号领域通过数字滤波器将高频整形噪声滤除。

电容式加速度计基于电极运动引起电荷转移,这种电荷转移产生了交流电压或交流电流,因此电容感应接口电路有三种形式:开关电容电荷积分、利用跨导放大器的连续时间电流输出和连续时间电压输出。由于开关电容电荷积分可以设计成对寄生电容不敏感,能够不需要任何外接元件而实现单片集成,因此可以采用开关电容电荷积分器完成电容-电压转换。开关电容电荷积分的主要缺点是会由于以下三种原因引起高噪声:小电容上的高 kT/C 噪声、MOS 开关的热噪声和采样数据系统中的噪声折叠。因此如何获得低噪声的电荷积分器成为整个设计的重点和难点。

经过电荷积分器转化的电压信号非常微弱,须将其通过后级放大电路进一步放大。将经过放大的信号输入到前置补偿器,该补偿器对信号在高频部分提供部分相位偏移,以确保系统稳定性。

为提高系统的噪声整形能力,降低量化噪声,可在前置补偿后级联两个电学积分器。在实际设计中,要考虑积分器的非理性因素对性能造成的影响。积分器中运放的有限增益、有限带宽、有限摆率,以及开关的非零导通电阻等,会导致量化噪声升高、产生谐波失真及不完整地建立误差。

由于微机械结构的机械带宽通常较窄,在较低的采样频率下就可以获得很高的过采样率,因此可使用 1 位量化和 1 位 D/A 转换提高系统线性度。其中包括两个 D/A 转换:一个提供电学积分器的反馈电压;另一个为敏感质量块提供反馈力,使质量块保持在平衡位置。

理想情况下,活动电极与固定电极之间是一对大小相等的差分电容。但在实际的工艺生产过程中,由于工艺加工的误差,致使活动梁与中心位置存在偏差,在某些情况下,该偏差可能很大,等效于产生了一个极大的加速度。

在没有反馈电极情况下,可采用分时复用方式实现检测和反馈功能。其系统的工作过程可分为 4 个相位:电荷泄放相位、感应相位、检测相位和力反馈相位。

①电荷泄放相位:将感应节点处的积累电荷泄放掉,防止运放失调严重。

②感应相位:敏感结构的上下极板分别接驱动信号的高低电平,在敏感电容上感应出待检测的电荷。

③检测相位:电荷放大器开始工作,将感应出的电荷转化为电压,经过后续电

路处理,得到数字输出。

④力反馈相位:控制反馈的开关开启,由数字输出判断反馈回敏感电极电压的正负,使质量块保持在平衡位置。

4.1.2 低电荷泄露的电容-电压转换电路

电容-电压转换电路用来将敏感结构差分电容变化转化为与输入加速度信号等效的电压。电容-电压转换电路是整个系统的难点和重点,通过噪声分析可知,该电路的性能决定了整个系统的电路噪声水平,因此该电路必须具有非常低的噪声,能检测非常微弱的电容变化。

由于电容式加速度计和开关电容电路都基于电荷电压的关系,因此电容式传感器可以与开关电容电路很好地集成。由于开关电荷积分器的输出对寄生电容不敏感,所以电荷积分器成为最常用的电压-电荷转换方式。传统的电荷积分器如图4.2所示,图中Φ_1、Φ_2为双向不交叠时钟,C_{p1}、C_{p2}为寄生电容,C_s为采样电容,C_i为积分电容,G_p为寄生分流电导。理想情况下,输出V_{out}等于$V_{in}(C_s/C_i)$。然而,实际上电荷转移过程中会通过寄生的分流电导G_p泄露电荷。这种电荷泄露主要是由于运算放大器有限的带宽而使V_p电压向虚地的建立需要一定的时间,在这段时间电荷会发生泄露。另外,由于运放的失调电压和有限增益的影响,也会产生电荷泄露,造成信号建立产生较大误差,影响加速度计精度的提高。

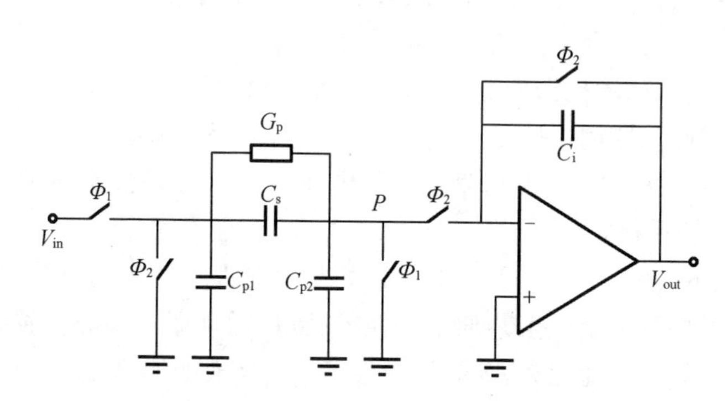

图4.2 传统的电荷积分器

一种改进的开关电容电荷积分器可以用来完成电容-电压的转换功能,该电路如图4.3所示,其中C_1、C_2为敏感结构差分电容,V_{off}为运放的失调电压,A_0为运放的开环增益。

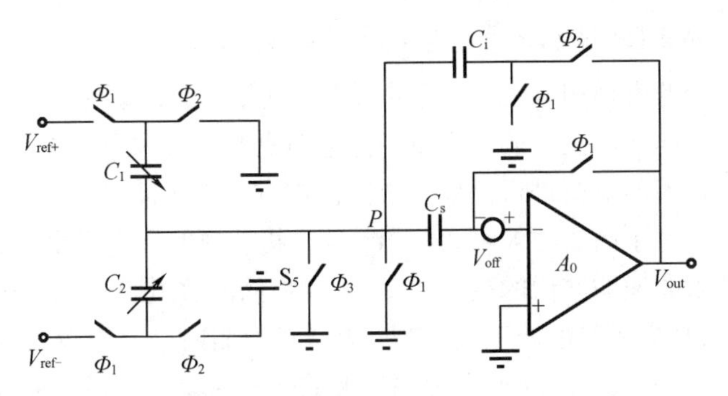

图 4.3 改进的电容电荷转换电路

Φ_1 相时,节点 P 处的电荷 Q_1 为

$$Q_1 = V_{ref}(C_2 - C_1) + \left(\frac{A_0}{1+A_0}\right)V_{off}C_s \tag{4.1}$$

Φ_2 相位时,节点 P 的电荷 Q_2 为

$$Q_2 = V_P(C_1 + C_2) + (V_P - V_{out})C_i + \left(V_P + \frac{V_{out}}{A_0} + V_{off}\right)C_s \tag{4.2}$$

其中

$$V_P = \frac{C_i}{C_i + C_1 + C_2}V_{out} \tag{4.3}$$

由于 $Q_1 = Q_2$,因此

$$V_{out} = \frac{V_{ref}(C_2 - C_1) - \dfrac{V_{off}C_s}{1+A_0}}{\dfrac{C_sC_i}{C_i + C_1 + C_2} + \dfrac{C_s}{A_0}} \tag{4.4}$$

由式(4.4)可见,失调电压的影响被减小了 $1+A_0$ 倍,由于

$$A_0 \gg \frac{C_i}{C_i + C_1 + C_2} \tag{4.5}$$

上式简化为

$$V_{out} = \frac{V_{ref}(C_2 - C_1)(C_i + C_1 + C_2)}{C_sC_i} \tag{4.6}$$

可见,V_{out}的值只与电容的比例有关,因此大大提高了信号的建立精度。又由于在该电路中,Φ_2 相时 P 点不再是虚地点,因此大大减小了运放有限带宽的影响。

由电路噪声分析可知,增大积分电容和提高时钟频率可以降低该电路的噪声,然而同时也降低了电荷积分器的灵敏度及电路的信噪比,因此应通过反复地仿真验证,选择适当的时钟频率和积分电容以获得最优的性能。

感应节点处的电荷积累也是一个严重的问题,如果不抑制该处的电荷积累,会使得运放的输入电压严重失调。可以在感应节点与地之间引入电荷泄放电阻或电荷泄放开关对积累的电荷进行泄放。电阻泄放方式结构简单,易于实现,但敏感电容和该电阻构成一个高通滤波器,该滤波器的截止频率决定了电路的最低工作频率。为了降低该高通滤波器的截止频率,需要大的泄放电阻,该电阻的值受到MOS泄漏电流的限制,当泄漏电流流经一个非常大的电阻时会产生较大的电压,造成运放失调严重。另外,大电阻还会产生比较大的电阻热噪声,因此在高精度加速度计中,限制了泄放电阻的使用。

更好的解决方法是采用MOS开关作为电荷泄放通道,当开关断开时,MOS管可以提供高达10^{12} Ω的截止电阻;而开关导通时,电荷可以通过该低阻通路快速泄放。MOS开关的主要问题是电荷注入和时钟溃通,开关断开时,沟道中的电荷会向MOS管的源漏端注入,其中注入地的一端对输出没有影响,而注入敏感端的电荷会被放大到输出端。为了减小电荷注入和时钟溃通的影响,在该电路中采用伪管开关作为电荷泄放通路。

该电荷积分器的工作过程如下:电荷检测开始前,Φ_3为高电平,电荷泄放开关导通,将感应节点处积累的电荷泄放掉。此时Φ_1处于高电平状态,电容C_1、C_2的上下两极板分别接V_{ref+}和V_{ref-},存储在C_1、C_2上的电荷分别为(V_{ref+}) C_1和(V_{ref-})C_2。运放的负输入端与输出相接,输出为0。积分电容两端都接地,该电容的电荷也为0。运算放大器失调电压和$1/f$噪声存储在电容C_s上。开关S_5断开后,Φ_2变为高电平,敏感电容的上下极板都接地,在运放的作用下,电容C_1、C_2两端都为0,原来存储的电荷发生转移,转移到C_i上,得到输出电压。

扩大器相关双取样的使用会引起电荷积分器中运算放大器O_{P1}宽带噪声的混叠,由电路噪声分析可知,噪声混叠的大小与运放O_{P1}的单位增益带宽成正比,因此为了得到理想的电路噪声特性,运放O_{P1}的单位增益带宽不宜过大,同时O_{P1}要采用低噪声设计。

以一个采样频率为256 kHz系统为例,用于积分器信号建立的时间为0.5 μs,所配表头敏感电容约20 pF,取反馈电容为5 pF,如果要求输出电压在0.5 μs内达到99.9%的建立精度,要求运放的单位增益带宽至少为21 MHz,考虑到寄生电容及设计余量,取单位增益带宽大于40 MHz。对于大信号输入,建立时间受运放摆率限制。要在0.5 μs时间内完全把10 V信号建立起来,需要摆率至少为20 V/μs。一般来说,闭环系统中开环增益越大越好,以保证闭环系统为深度负反馈。为了获得稳定的闭环增益,前级放大器的开环增益至少为80 dB。

综上所述对电荷积分器中的运放 OP_1 的要求是低噪声、较大的带宽和较高转换速率。基于上述要求设计的前级放大器电路如为图 4.4 所示。

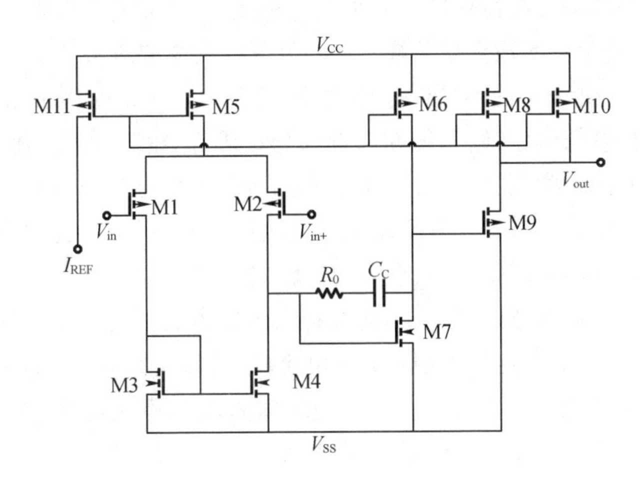

图 4.4 前级放大器电路图

这是一个带输出级的两级运放，由偏置电流源、差分输入级、高增益级、输出级组成。由运放的噪声模型可以得到运放的噪声主要由输入级决定。输入级为差分输入结构，它的噪声随输入管跨导的增加而减小，随负载管的增加而增加，所以采用大的输入管可以抑制噪声，但是输入管跨导大给电容补偿带来不便，因此必须折中地选择输入管的大小。另外，由于 PMOS 的 $1/f$ 噪声系数比较小，所以可以采用 PMOS 做输入管。高增益级的设计是为了增加直流增益，输出级决定第二极点，所以为了增加带宽和输出范围，必须增加输出级跨导。表 4.1 列出了该前级运算放大器的主要性能参数。

表 4.1 前级运算放大器的主要性能参数

参数名	参数值
开环增益	92.9 dB
单位增益带宽	44.3 MHz
相位裕度(5 pF 电容负载)	66°
功耗	6.7 mW
转换速率	89.791 V/μs
输入参考热噪声	17.54 nV/Hz$^{1/2}$

4.1.3 相位补偿电路

由于敏感结构的二阶传输特性及低的直流增益，当传感器工作在低压封装环境中时，非常低的阻尼系数会使系统变得不稳定。特别是在高阶 Sigma-Delta 结构中，增加的极点会进一步使系统趋于不稳定。因此，在 Sigma-Delta 加速度计系统中需要增加相位补偿电路，给系统在高频部分提供部分相位偏移，确保系统稳定。补偿电路主要有两种类型：前置补偿电路和后置补偿电路。前置补偿电路的优点是线性度高、量程大；缺点是参数不易调整，灵活性差。后置补偿的优点是可以根据结构参数灵活调整补偿系数；缺点是线性度差、量程小。

出于传感器性能的考虑，常采用前置补偿电路方式。在这里采用无源滤波电路构成前置补偿器，该电路仅采用开关和电容设计，降低了功耗，减小了芯片面积。图 4.5 为前置补偿电路。其中 C_p 为下一级输入端的寄生电容，电容 $C_2 = C_3 = \alpha C_1$，Pulse1、Pulse2、Pulse3、Pulse4 为时钟信号。

在当前时钟周期内，当 Pulse1 为高电平时，节点 Output 处的电荷为

$$Q_2 = [V_{out}(n) - V_{in}(n)]C_1 + V_{out}(n)C_p + V_{out}(n)\alpha C_1 \tag{4.7}$$

而上一个周期内，存储在 C_2 上的电荷为

$$Q_1 = V_{in}(n-1)\alpha C_1 \tag{4.8}$$

由于 $Q_1 = -Q_2$，因此可得

$$V_{out}(n) = \frac{V_{in}(n)C_1 - V_{in}(n-1)\alpha C_1}{C_1 + \alpha C_1 + C_p} \tag{4.9}$$

其 z 域传输函数为

$$H_{CMP}(z) = \frac{1}{1 + \alpha + \frac{C_p}{C_1}}(1 - \alpha z^{-1}) \tag{4.10}$$

由以上分析可知，该电路具有与前置补偿相一致的传输函数，其差别仅在增益系数部分。补偿程度 α 由电容比例决定，具有极高的精确度。寄生电容 C_p 对相位补偿没有任何影响，仅微弱地影响增益系数。另外，由该传输函数可知，在信号带宽内，前置补偿电路对输入信号移相的同时，也严重地衰减了信号幅值，因此应该在前置补偿后端加同相放大器，对该信号进行一定的放大后再供给后级电路。

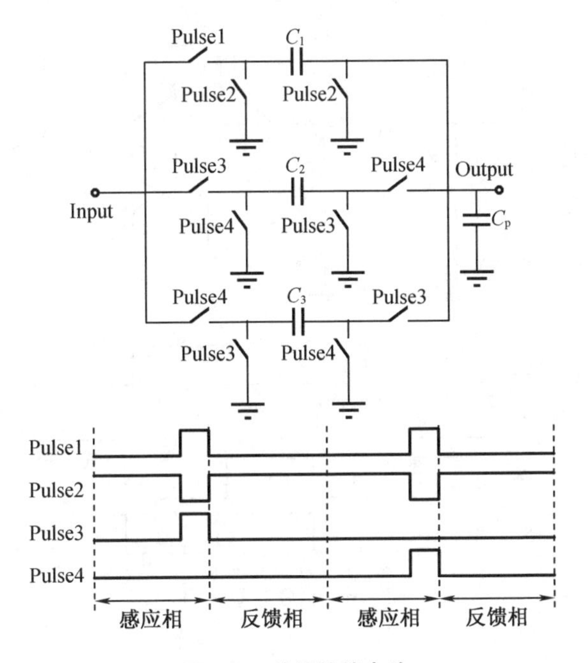

图 4.5 前置补偿电路

4.1.4 二阶积分器

积分器是微机械加速度计 Sigma-Delta 调制器的重要组成部分,用以提供高的低频增益。由于闭环模式的应用,系统的电路噪声水平主要由前级电荷积分器决定,二阶电学积分器的运放输入参考噪声及失调电压不会对输出产生影响,放宽了对积分器的性能要求,因此通常采用对寄生电容不敏感的开关电容积分器。该积分器的原理如图 4.6 所示。

采样周期内

$$V_S[(n-1/2)T] = -V_{in}[(n-1)T] \tag{4.11}$$

式中,T 为时钟周期,V_S 为采样周期结束时采样电容上的电压。在积分周期内,根据电荷守恒原理,有

$$C_I[V_{out}(nT) - V_{out}(n-1)T] = -C_S V_S[(n-1/2)T] \tag{4.12}$$

式中,C_S 为采样电容,C_I 为积分电容。由此可得

$$V_{out}(nT) - V_{out}(n-1)T = \frac{C_S}{C_I} V_{in}[(n-1)T] \tag{4.13}$$

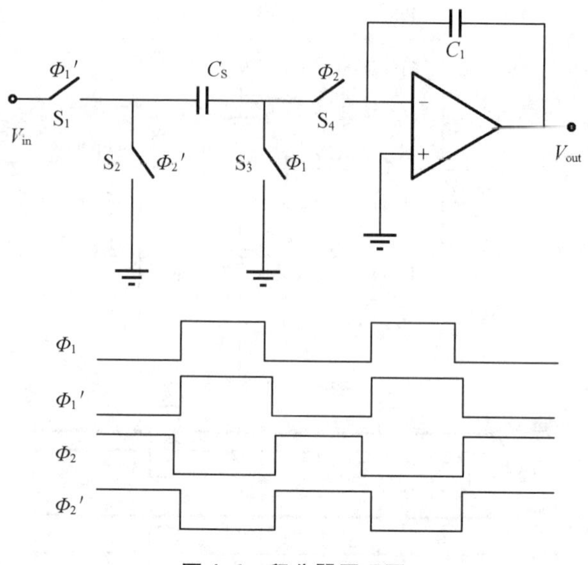

图 4.6　积分器原理图

因此，该电路的 z 域传输函数为

$$\frac{V_{out}(z)}{V_{in}(z)}=\frac{C_S}{C_I}\frac{z^{-1}}{1-z^{-1}} \tag{4.14}$$

由此可见，该积分器的增益由采样电容和积分电容的比例决定。为降低开关电荷注入的影响，采用辅助时钟设计方法，各相位关系如图 4.6 所示。开关 S_3 较 S_1 提前断开，使采样电容右端没有通路，采样电容上的电荷总量在开关再次导通前不会改变，保证了其他开关断开时的电荷注入不会影响到输出。

4.1.5　比较器

比较器是 A/D 转换中的关键单元，是产生数字输出的量化器件。根据不同的要求，比较器的结构可以有多种选择方式。无论采用何种结构，最关心的是以下两个问题：

1. 比较器要有锁存能力

由于比较器的结果控制着反馈电压，而在一个时钟周期内，施加在活动电极的反馈电压应当保持不变，所以比较器应带有使能的栓锁。

2. 比较器的响应时间十分关键

一般说来，所谓比较器的时间响应比较好，是指当比较器所比较的两个电压比较接近时，能够在很短的时间内比较出它们的大小。有这样的要求是因为在整个时钟周期内留给比较的时间非常短,比较器要在很短的时间内比较出结果并将信号建立至最高或最低电位。

除此之外,尽可能地减少静态功耗也是需要重点关注的问题。

首先,从功耗的角度考虑,交叉耦合锁存比较器属于动态比较器,结构简单,而且没有直流功耗,是应用于低精度比较的很好选择。但是,典型的交叉耦合锁存比较器都有 200 mV 以上的失调电压,因此若直接使用很可能得到错误的转换结果。如果在正反馈锁存比较器前面加上前置放大器,就可以提高对小信号输入的分辨率,提高比较器精度。另外,前置放大器还可以减小比较器传播延时,提高比较器速度。

动态比较器如图 4.7 所示,图中 V_{in+}、V_{in-} 为两个输入端,折叠共源共栅结构提高了前置放大器的增益,M4 ~ M12 组成交叉耦合比较器,M13 ~ M20 组成锁存器,既可以锁定比较器的输出结果,又提高了输出信号驱动能力,Clkp 和 Clkn 为双相不交叠时钟,当 Clkp 为高电平时比较器对输入信号进行比较,输出并锁存比较结果。

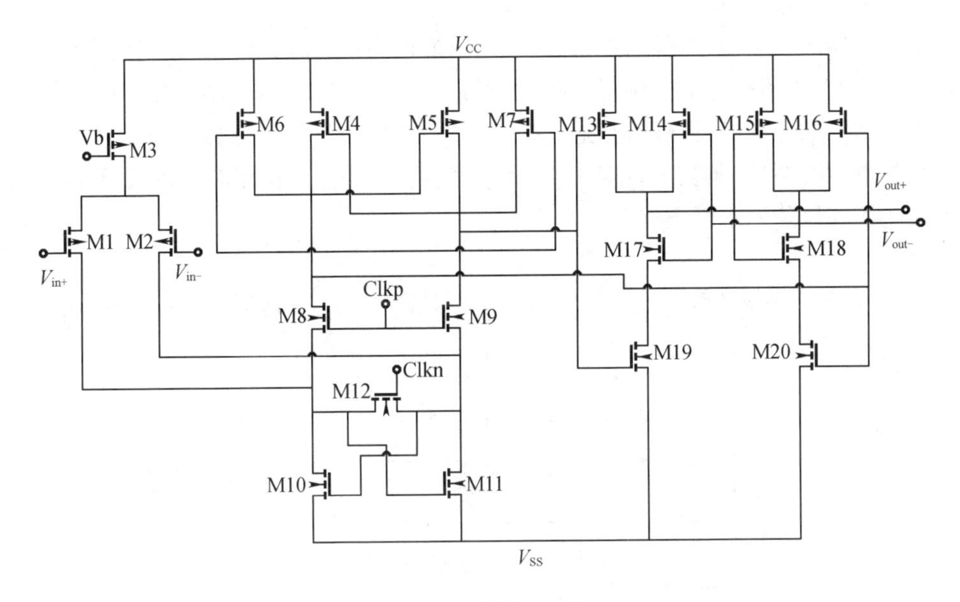

图 4.7 动态比较器

当 Clkn 为"1"时,M12 导通,清除前一次比较结果。当 Clkp 为"1"时,M12 截止,同时 M8、M9 导通,交叉耦合比较器开始工作,电路中存在两个正反馈——M4 和 M5 构成一对正反馈,M10、M11 构成另一对正反馈,两个正反馈迅速将 M8、M9

的漏端电压分别提高到 V_{CC} 和 V_{SS}，然后输出。

M12 在电路中的作用是加快比较器的翻转速度。假设输入信号由 $V_{in+} > V_{in-}$ 变为 $V_{in+} < V_{in-}$，正反馈电路 M10 和 M11 的漏极电压发生掉转，若没有 M12，则掉转的过程通过 M10、M11 的沟道电流完成；加入 M12，可以使掉转直接通过 M12 的电流完成，大大加快了翻转速度。

比较器精度主要受比较器的增益与输入失调影响。该动态比较器采用带正反馈的前置放大器与动态锁存器完成比较功能，前置放大器放大小信号差值，触发动态锁存器，改变其状态，正反馈提高了比较器的速度。

4.1.6 传感器失调补偿

在 MEMS 加速度计中，侧面加工的不匹配导致传感器中的位置失调。在间距为 1.5 μm 的差指结构中，不匹配失调可能达到 0.1 ~ 0.5 μm，等同于产生了很大的加速度。传感器的结构失调，被电容传感器感应，并以调制频率作为一个交流失调信号出现，无法与感应的加速度信号相区分。而且由于传感器失调，被调制的频率与时钟信号相同，也不能够通过交流耦合和直流反馈予以消除。

传感器的失调消除可以在机械领域通过静电力执行器把质量块拉回到中心位置。然而，由于传感器的失调可能很大，通常需要大的执行器和高电压。电容补偿阵列是常用的方法，其原理就是通过控制信号，需要时将补偿电容加到差分电容相对小的电容的两端；不需要时通过控制信号，将补偿电容的两极板均接到地电位上。电容补偿阵列示意图如图 4.8 所示。

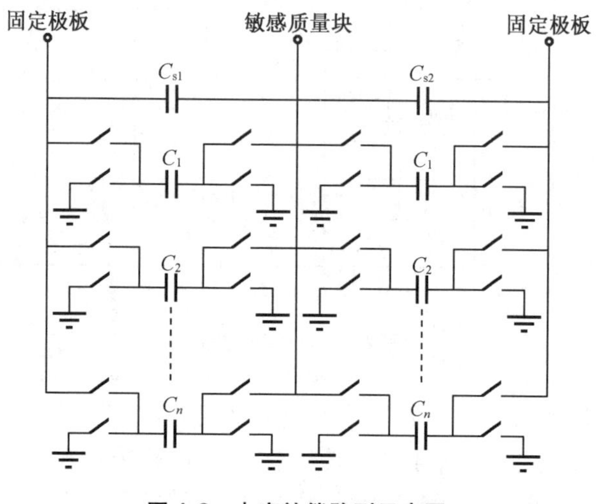

图 4.8 电容补偿阵列示意图

图 4.9 为电容补偿阵列子单元电路。当 electrode1 为高电平时，M1、M2 导通，一个固定电极连接在 A 点，此时若 C_1_control 为高电平，M3、M4、M5、M6 导通，电容 C_1 连接在该固定电极和质量块之间，起到了电容补偿功能。若 C_1_control 为低电平，M7、M8 导通，电容 C_1 的上下极板都接在地上。在整体补偿阵列中，上下两个极板可以共用 C_1 到 C_n 电容，只要通过 electrod1 和 electrode2 两个控制信号，决定 A 点是连接在上极板还是下极板就可以。

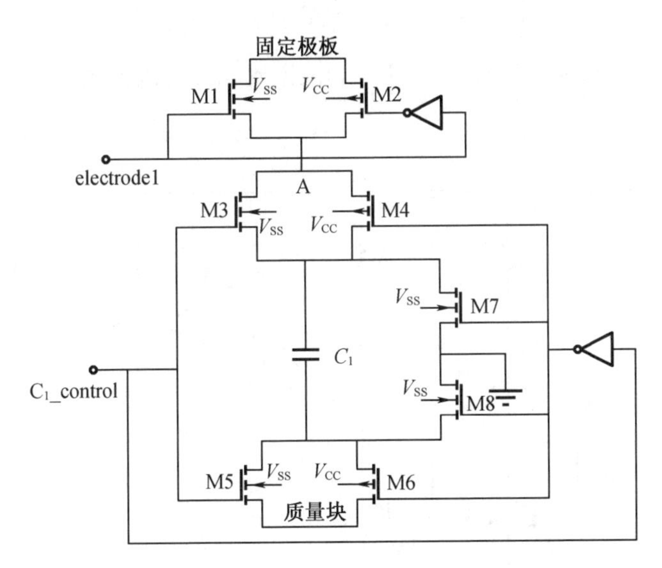

图 4.9 电容补偿阵列子单元电路

4.1.7 低失调带隙基准电压源

基准电压源是模拟及数模混合集成电路中一个重要的单元模块，它的温度稳定性及抗噪声能力是影响电路转换精度的关键因素，甚至影响整个系统的性能。因此，设计一个好的基准电压源具有十分重要的现实意义。常用的基准电压源包括埋入式齐纳基准电压源、XFET 基准电压源和带隙基准电压源。由于带隙基准电压源具有低温度系数、低电源电压、与 CMOS 工艺兼容等优点，而成为研究的热点。

带隙基准电路的原理是基于将两个具有大小相等、方向相反温度系数的电压相加，而得到与温度无关的电压。负温度系数电压由衬底三极管的基极 - 发射极电压 V_{BE}实现，其温度系数为 -2.2 mV/℃。正温度系数由两个工作在不同电流密度下的三极管的基极 - 发射极电压差值 ΔV_{BE}来完成。典型的带隙基准电压源结构如图4.10所示，其中V_{OS}为失调电压，双极晶体管Q_2的发射器面积是Q_1的n倍。在运算放大器的作用下，节点X和节点Y的电压相等，流过双极晶体管Q_2和Q_1的电流也相等，Q_1和Q_2的基极－发射极电压差值为

$$\Delta V_{BE}=V_T\ln n \tag{4.15}$$

这里$V_T=kT/q$，k为波尔兹曼常数，T为绝对温度，q为电子电荷。考虑失调情况下的参考电压输出为

$$V_{REF}=V_{BE2}+\left(1+\frac{R_2}{R_3}\right)(V_T\ln n+V_{OS}) \tag{4.16}$$

根据式(4.16)，通过选择适当的n和电阻R_2、R_3，可以得到与温度无关的输出参考电压。

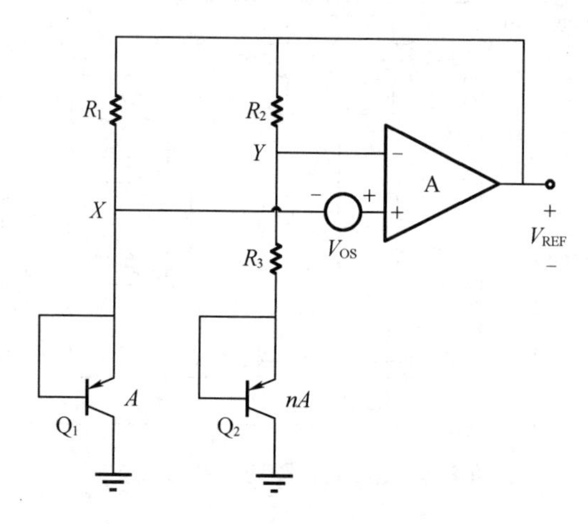

图4.10　典型的带隙基准电压源结构

为了平衡负温度系数电压，ΔV_{BE}需要乘以一个系数$1+R_2/R_3$，而失调电压也同时被放大了相同倍，导致输出电压受到了影响。为了减小失调电压影响，一个传统的方式是设Q_1和Q_2的集电极电流密度比为m，并分别在Q_1、Q_2上层叠一个三极管，这样参考电压输出可表示为

$$V_{ref}=2V_{BE}+\left(1+\frac{R_2}{R_1}\right)[2V_T\ln(mn)+V_{OS}] \tag{4.17}$$

由于失调电压系数是正温度系数电压系数的1/2，因此失调电压的影响被减小了。但是，该电路的输出为2.5 V，在低电源供电条件下很难实现。

如果式(4.16)中的$V_T\ln n$系数能够最大化，而失调电压系数能够最小化，则可以获得受失调电压影响最小的参考电压输出。本书所设计的低失调带隙基准电

压源通过两个反馈环分别产生正负温度系数电压,并获得 $V_T \ln n$ 和 V_{OS}的不同系数表达式。

图4.11为低失调带隙基准电压源,其中包含了主电路和启动电路。正温度系数电压产生电路由层叠的三极管 Q_1、Q_2、Q_3、Q_4,电阻 R_1、R_2、R_3、R_4,运算放大器 A1 及三极管 Q_5 构成。在该单元中,运放 A1、电阻 R_2 和三极管 Q_5 构成反馈回路迫使运放的正负输入端相等。负温度系数电压产生电路由另一个反馈环,包括运放 A2、电阻 R_4 和 PMOS 晶体管 M1 构成,该反馈环迫使运放 A2 的反向输入端等于 V_{BE},电阻 R_3 和 R_4 决定了 A2 的闭环增益。由于三极管 Q_1、Q_2 与 Q_3、Q_4 具有不同的发射区面积,并工作在不同的集电极电流下,提供了一个正温度系数电压 $2\Delta V_{BE}$,该电压在电阻 R_1 上产生的电流 I_{R1} 为

$$I_{R1} = 2\Delta V_{BE}/R_1 \tag{4.18}$$

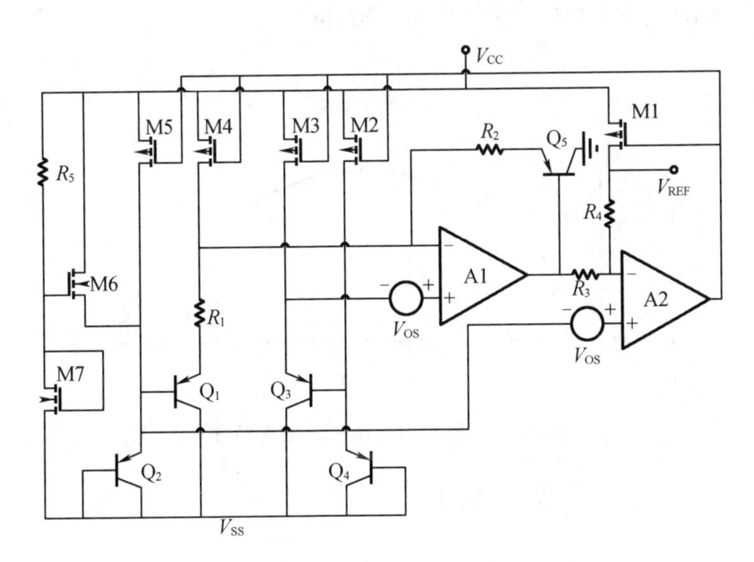

图4.11 低失调带隙基准电压源

运放 A1 的输出电压为

$$V_{out\text{-}A_1} = 2V_{BEn} + V_{OS} + \frac{2\Delta V_{BE} + V_{OS}}{R_1}R_2 - V_{BE1} \tag{4.19}$$

运放 A2 的反向输入电压为

$$V_{in\text{-}A2} = V_{BE1} + V_{OS} \tag{4.20}$$

因此,电阻 R_3 上的压降为

$$V_{R_3} = 2\Delta V_{BE} + \frac{2\Delta V_{BE} + V_{OS}}{R_1}R_2 \tag{4.21}$$

很显然，式(4.19)和式(4.20)中运放 A1 和 A2 的失调电压相互抵消，输出参考电压可表示为

$$V_{\mathrm{REF}} = V_{\mathrm{BE}} + \left[2\frac{R_4}{R_3}\left(1 + \frac{R_2}{R_1}\right)\right]\Delta V_{\mathrm{BE}} + \left(\frac{R_2R_4}{R_1R_3} + 1\right)V_{\mathrm{OS}} \tag{4.22}$$

设 $R_2/R_1 = 1, R_4/R_3 = K$，选择合理的 K 值，可以获得 ΔV_{BE} 的最大系数及失调电压 V_{OS} 的最小系数，此时输出参考电压为

$$V_{\mathrm{REF}} = V_{\mathrm{BE}} + 4K\Delta V_{\mathrm{BE}} + (K+1)V_{\mathrm{OS}} \tag{4.23}$$

对比式(4.23)和式(4.17)，在式(4.23)中，K 可以设置为一个很小的值，运放的失调电压的影响被明显降低了，并且该运放可以工作在相对较低的电源电压下。

图 4.12 给出了输出参考电压的温度特性，在 −50 ~ 85 ℃范围内，输出电压最大变化量为 1.55 mV，温度系数为 9 ppm/℃。图 4.13 为输出参考电源的抑制比(PSRR)仿真结果，在 1 kHz 处 PSRR 为 −90 dB。

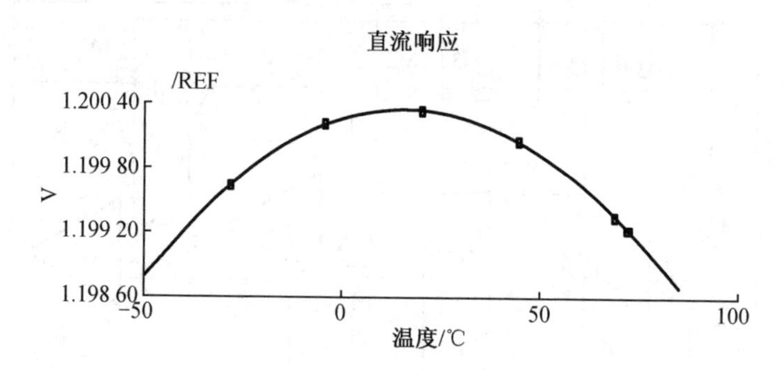

图 4.12　输出参考电压的温度特性

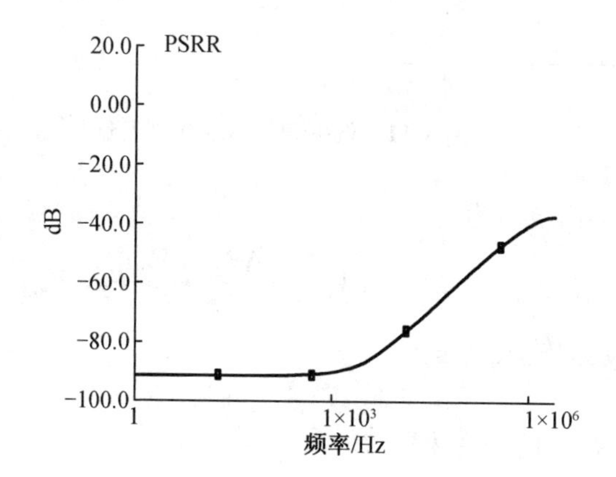

图 4.13　输出参考电压源的抑制比仿真结果

4.1.8 整体仿真结果

使用 Hspice 工具,对整体电路进行仿真,输入信号为幅值 ±1g,频率 250 Hz 的正弦信号,整体电路的瞬态结果如图 4. 14 所示,图 4. 14(a)为输入信号,图 4. 14(b)为数字输出,输出的数字量为一个高频的 1 位数字值,输出随输入信号的变化在 ±5 V 之间来回翻转,当输入信号较大时,输出以高电平为主,输入信号较小时,输出以低电平为主。图 4. 14(c)为滤波处理后的结果,该数字输出能够正确地恢复为正弦信号,通过该结果可以看到加速度计的灵敏度为 1. 1 V/(m · s^{-2})。图 4. 14(d)为质量块位移量,从图中可以看出质量块的最大位移为 81 nm,位移量非常小,系统很好地完成了闭环反馈功能。

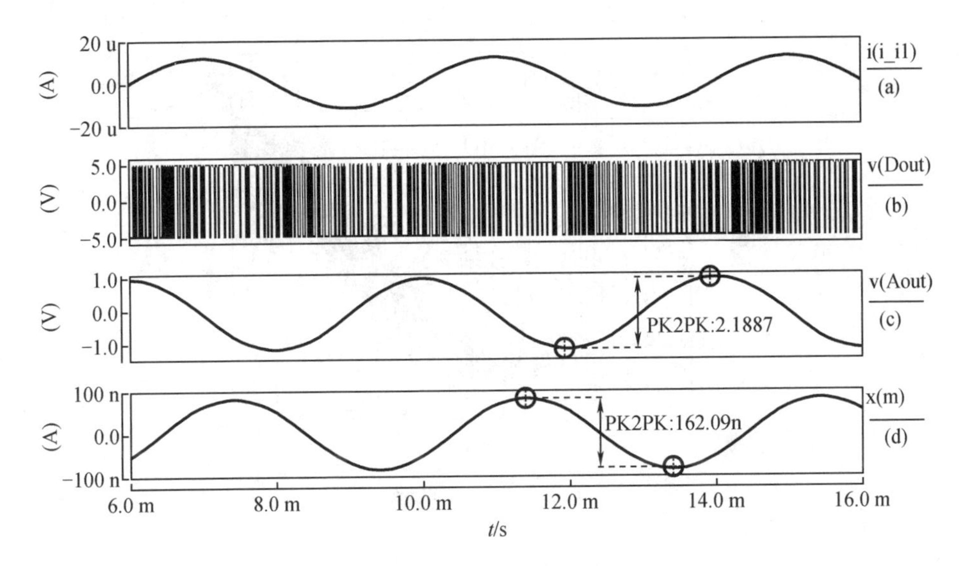

图 4.14　±1g 加速度输入电路整体性能仿真结果

在 ±1g 输入范围内,改变输入信号幅值,得到的仿真数据及采用最小二乘法拟合的直线如图 4. 15 所示,计算系统非线性度为 0. 12%。

对数字输出结果进行采样,并进行 32 768 点快速傅立叶分析(FFT),得到输出结果的频谱如图 4. 16 所示,计算该系统的 SNDR 为 85. 8 dB,ENOB 为 13. 96 位。由该结果可以看到,在信号带宽内,噪声水平为 10 μV/$Hz^{1/2}$,由于系统灵敏度为 1. 1 V/(m · s^{-2}),因此该加速度计的噪声密度为 9 μg/$Hz^{1/2}$。

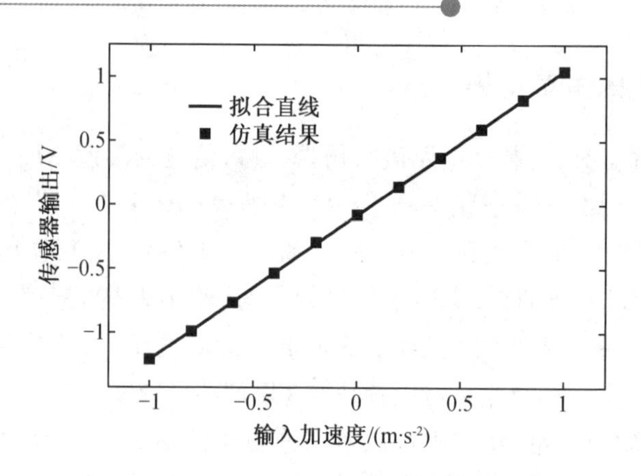

图 4.15　系统线性度仿真结果

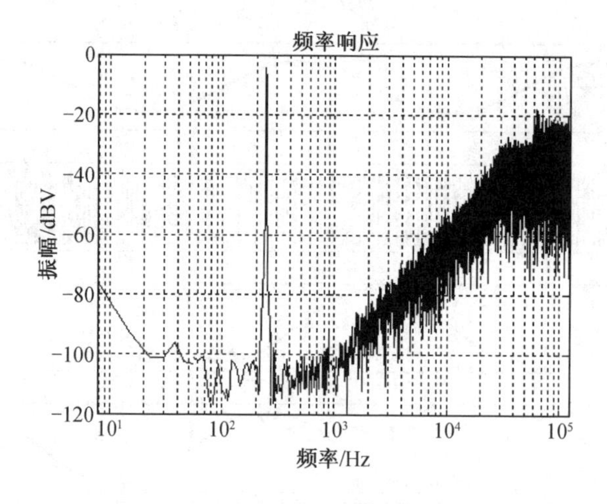

图 4.16　输出频谱

4.2　二阶单端数模混合输出接口 ASIC 设计

同时兼具数字和模拟闭环输出方式的微机械加速度计具有广泛的应用，本节将介绍二阶单端数模混合输出接口 ASIC 设计。

4.2.1　整体方案设计

该电路的整体设计方案如图 4.17 所示，数字和模拟输出方式具有相同的前级电容 - 电压转换方式，都采用电荷积分器实现该功能，其区别主要在后端信号处理方式及反馈部分。后级放大之后到反馈之前,模拟输出和数字输出分两个支路分别对信号进行处理,二阶数字输出与四阶结构处理方法基本一致,区别在于二阶没有电学积分器。模拟输出加速度计通过相关双采样进一步降低低频噪声和失调电压,然后由采样保持电路实现对高频信号解调,并采用 PID 控制器提高系统稳定性,改善动态响应特性,降低噪声。为确保机械结构运动不会对信号处理单元产生影响,在 PID 控制器与敏感结构之间增加了单位增益缓冲器。由于模拟输出和数字输出都要反馈回敏感质量块,因此,需要一个控制信号判断是数字反馈还是模拟反馈。为了提高传感器可靠性可在该电路中增加自检测功能,用来检测敏感结构和接口电路是否正常工作。

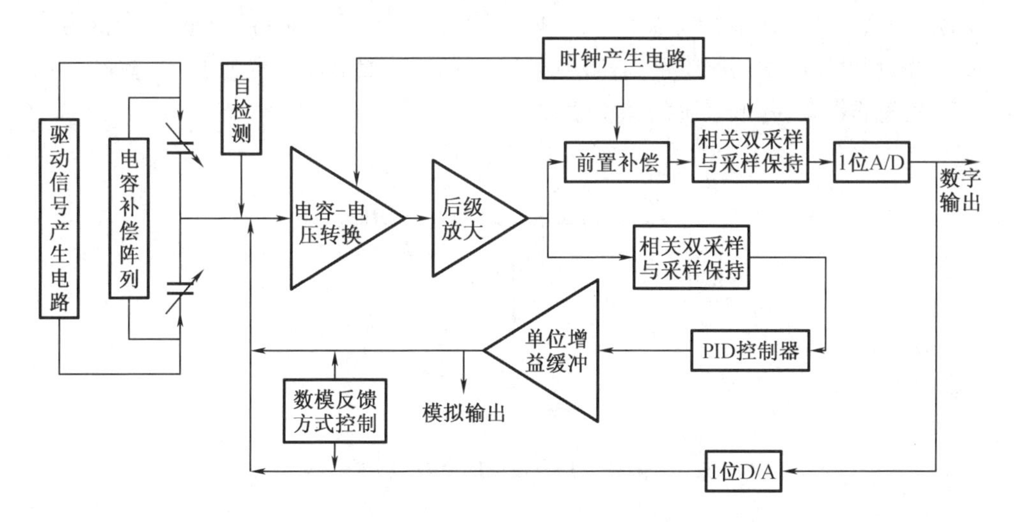

图 4.17 二阶单端数模混合输出接口 ASIC 整体结构

4.2.2 模拟输出控制器

微机械加速计在工作过程中存在不确定性干扰,而且随着微机械加速度计的使用时间的增长,传感器的结构性能参数及电路参数会发生微小变化。这些因素会给传感器输出带来误差,同时也可能造成闭环系统出现不稳定现象,所以对于微机械加速度计这样的二阶系统而言,不加任何控制器的直接反馈不能满足电路的性能要求,需要设计优良的补偿控制器来改善系统对输入的动态响应特性。本书采用比例 - 积分 - 微分(PID)控制器对系统相位进行调整,改善系统稳定性。PID 控制是对信号进行比例、积分和微分运算变换后形成的一种控制规律,其传递函数如式(4.24)所示,电路如图4.18所示。

$$H(s)=K_P+K_Ds+\frac{K_I}{s} \tag{4.24}$$

式中,$K_P=-R_3/R_2$,$K_D=-1/R_2C_2$,$K_I=-1/C_1R_3$。当$K_D=0$时,该控制器为一个PI控制器,其传输函数为

$$H(s)=K_P+\frac{K_I}{s}=\frac{K_I\left(1+\frac{K_P}{K_I}s\right)}{s} \tag{4.25}$$

由此可见,PI控制器对系统开环传输函数在$s=-K_I/K_P$处增加了一个零点,在$s=0$处增加了一个极点。因此,系统的稳态误差得到改善,即如果响应的稳态误差为常数,PI控制器会将误差减小到0。另外,由于PI控制器本质是一个低通滤波器,因此可以滤除高频噪声,提高加速度计的噪声特性。但是使用PI控制器会减小系统的带宽,降低系统的稳定性。

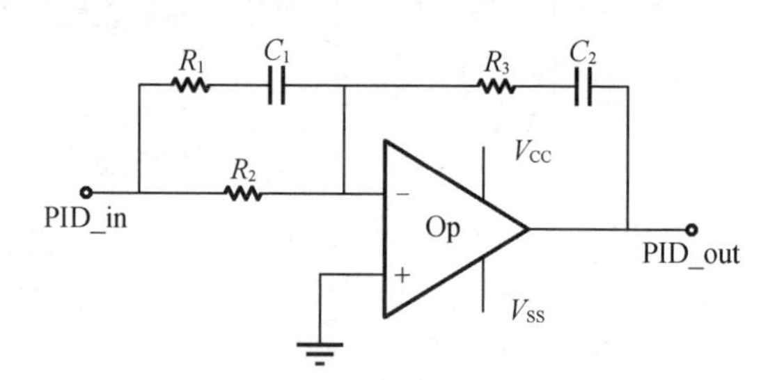

图4.18　用于反馈的PID控制器

当$K_I=0$时,该控制器为一个PD控制器,其传输函数为

$$H(s)=(K_P+K_Ds)=K_P\left(1+\frac{K_D}{K_P}s\right) \tag{4.26}$$

包含PD控制器的闭环传输函数为

$$H(s)=\frac{K_P+K_Ds}{s^2+(2\xi\omega_0+K_D)s+\omega_0^2+K_P} \tag{4.27}$$

PD控制器在系统闭环传输函数中增加了一个位于$s=-K_D/K_P$的零点,并在不改变自然谐振频率情况下提高了系统阻尼比,提高了系统稳定性。但是使用PD控制器会引入高频噪声,降低系统的噪声特性。

由以上分析可知,针对不同的敏感结构,PID控制器有不同的选择方式。如果加速度计的敏感结构为过阻尼状态,采用PI控制器可以改善系统噪声特性,提高

频响性能，且不会破坏系统稳定性，因此 PI 控制器是很好的选择。如果敏感结构处于欠阻尼状态，就必须加入微分项，以提高系统阻尼比，确保系统不会产生自激振荡。

4.2.3 单位增益缓冲器

在整个时钟周期内加速度计的敏感结构完成两个功能：作为检测元件感应外加加速度信号和作为执行器完成力反馈功能。因此，为了使加速度计的敏感结构不影响信号处理电路的性能，需要在处理电路的输出与敏感结构之间加入一个单位增益缓冲器来实现隔离功能。另外，该系统是通过闭环控制开关控制反馈时间的，当控制开关闭合时单位增益缓冲器负载电容为加速度计的敏感电容，而为了提高加速度计的灵敏度，敏感电容通常做得很大（ >100 pF），此时缓冲器的负载为一大电容负载；控制开关断开时，负载为一个小电容负载，因此该单位增益缓冲器需要具有能够同时驱动大电容负载（ >100 pF）与小电容负载（5 pF）的能力。另外由于单位增益缓冲器的输入为 PID 控制器的输出电压信号，因此要求单位增益缓冲器中的运算放大器具有高摆幅。采用米勒补偿的普通二级运放，负载电容决定了第二极点位置，当负载电容增大，第二极点向原点方向移动，限制了单位增益带宽，减小了相位裕度，因此米勒补偿的普通二级运放结构并不适用此电路。可以采用栅极接地的共源共栅补偿方法，实现该单位增益缓冲器，具体电路如图 4.19 所示。

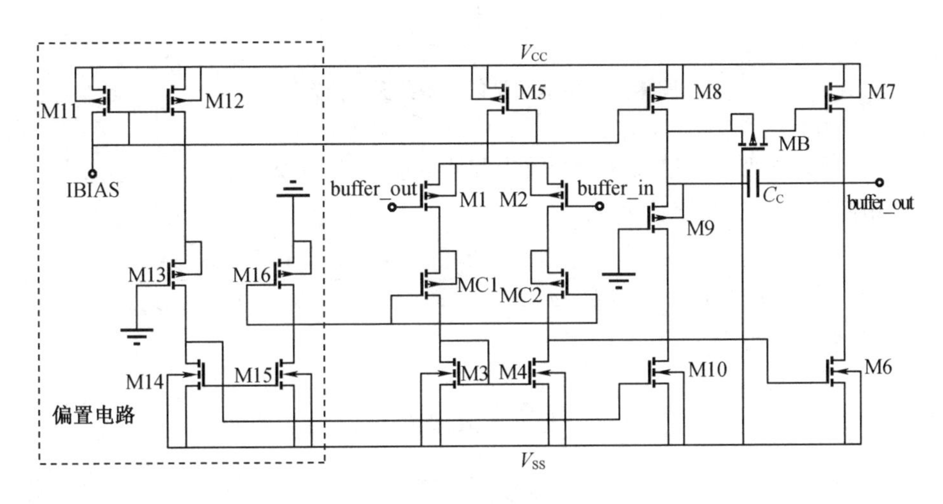

图 4.19 单位增益缓冲器电路

M1 ~ M5 构成运放的差分输入级,共源共栅晶体管 MC1 和 MC2 用以减小开关电容应用时负电源电容,共源共栅管 M8、M9 实现电流转换,M6、M7 构成输出级,晶体管 MB 和 M7 的栅电容组成 RC 低通滤波器,滤除偏置电路的高频噪声,M11 ~ M16 组成运放的偏置网络,M9 和电容 C_C 提供稳定性补偿,其中 M9 的栅极接地,可以提高电路的负电源抑制比,此方法称为“栅极接地的共源共栅补偿方法”,其工作原理如图 4.20 所示。

图 4.20 中 R_S 为第一级输出阻抗,晶体管 M7、M8、M10 与电流源 I_1、I_2、I_3 等效,如果 M6 的栅压变化为 ΔV,则 V_{out}变化 $A_{v2}\Delta V$,$A_{v2}=g_{m6}(r_{06}/\!/r_{07})$为第二级放大倍数。由于 $1/g_{m9}$相对很小,通过电容 C_C 的电流为 $A_{v2}\Delta VC_Cs$,所以,M6 栅极电压的变化 ΔV 将产生电流的变化 $A_{v2}\Delta VC_Cs$,提供的电容倍增系数为 A_{v2}。

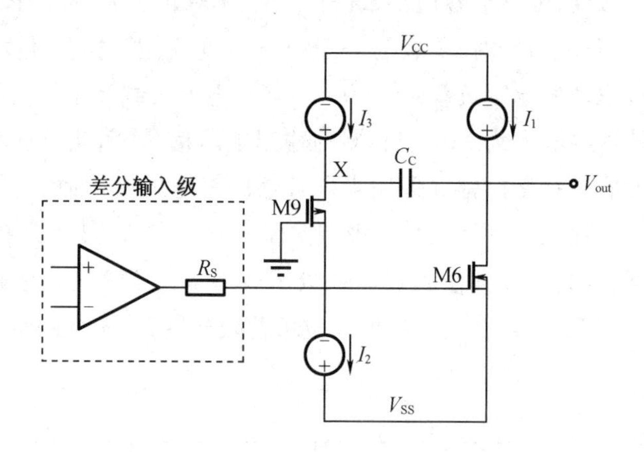

图 4.20　栅级接地的共源共栅补偿方法

不考虑共栅级的沟道长度调制效应和体效应时,图 4.20 的等效电路如图 4.21 所示,由此可得其传输函数为

$$\frac{V_{out}}{I_{in}}=\frac{-g_{m6}R_SR_L(g_{m9}+C_Cs)}{R_LC_LC_Cs^2+[(1+g_{m6}R_S)g_{m9}R_LC_C+C_C+g_{m9}R_LC_L]s+g_{m9}} \tag{4.28}$$

电路的两个极点为

$$\omega_{p1}=\frac{1}{g_{m6}R_LR_SC_C} \tag{4.29}$$

$$\omega_{p2}=\frac{g_{m9}R_Sg_{m6}}{C_L} \tag{4.30}$$

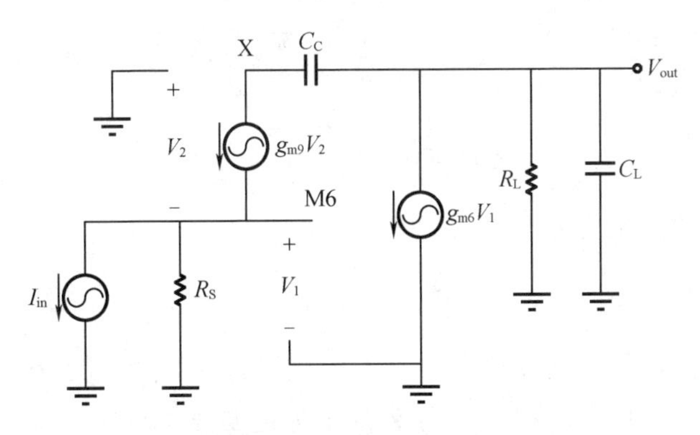

图 4.21 栅级接地的共源共栅补偿方法等效电路

相对于采用米勒补偿方法,第二极点提高了 $R_S g_{m6}$ 倍,这是由于在高频条件下,M9 和 R_S 组成的反馈环路对输出电阻减小了相同倍数。单位增益带宽依然为 $GBW = g_{m1}/C_C$。为了达到 60°相位裕度,应该满足 $\omega_{p2} \geqslant 2.2GBW$,因此可得

$$C_L \leqslant \frac{g_{m9} R_S g_{m6} C_C}{2.2 g_{m1}} \tag{4.31}$$

由于 $g_{m9}R_S$ 为 40 ~ 100,且 $g_{m6} > g_{m1}$,因此采用栅极接地的共源共栅补偿方法很容易能够驱动 100 pF 以上的大电容负载。与传统米勒补偿技术相比,在保持运算放大器相同性能条件下,此技术可使运算放大器驱动大电容负载。

4.2.4 自检测电路

MEMS 传感器的可靠性是设计中需要考虑的重点,可以采用内建自检测方式来提高传感器的可靠性。自检测不仅要能够检测电路是否正常工作,也要能够检测传感器的微机械结构是否正常。在敏感质量块反馈系统中,自检测非常易于实现,这是因为电容式加速度计的敏感质量块不仅是敏感单元也是执行器,既可以将外加加速度信号转化为电信号,也可以将电信号转换为等效的加速度信号。因而可以把自检测电信号加载到电路和敏感单元的接口处,同时检测电路和敏感单元是否工作正常。

电容式微机械加速度计自检测的工作原理如图 4.22 所示,当外加加速度为 0 且没有自检测电压时,活动电极位于两固定极板中间,即差分电容 $C_1 = C_2 = C_0$,活动梁上的输出电压为 0 V。当活动电极上加载自检测电压 V_{self},在 $V_{ref}+$、$V_{ref}-$ 和自检测电压作用下,活动梁受到的静电合力 ΔF 和等效加速度 Δa 分别为

$$\Delta F=\frac{1}{2}C_0\frac{(-V_{\mathrm{ref}}-V_{\mathrm{self}})^2}{d_0}-\frac{1}{2}C_0\frac{(V_{\mathrm{ref}}-V_{\mathrm{self}})^2}{d_0}=2\frac{C_0}{d_0}V_{\mathrm{ref}}V_{\mathrm{self}} \tag{4.32}$$

$$\Delta a=\frac{\Delta F}{m}=2\frac{C_0}{d_0 m}V_{\mathrm{ref}}V_{\mathrm{self}} \tag{4.33}$$

因此,自检测灵敏度为

$$\frac{\Delta a}{V_{\mathrm{self}}}=2\frac{C_0}{d_0 m}V_{\mathrm{ref}} \tag{4.34}$$

可见,在敏感结构的活动电极加上施加一定的自检测电压,在静电力的作用下,活动电极会偏离原有位置,等效于外加了加速度信号,并由接口电路对该等效加速度信号进行处理,得到电压输出。等效外加加速度与自检测电压成正比。

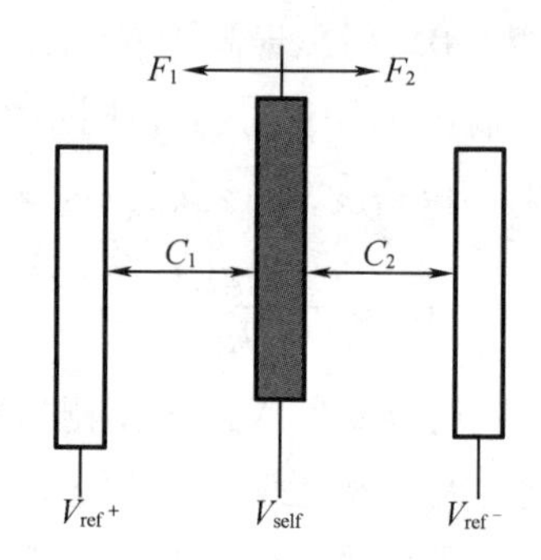

图4.22　电容式微机械加速度计自检测的工作原理图

由于自检测电压是加载在敏感结构的活动电极上,而电荷泄放开关也是连接在活动电极与地之间,因此自检测与电荷泄放可以共用同一通道。本书所设计的自检测电路如图4.23所示,其中V_{sc}为自检测控制信号,当V_{sc}为高电平时,开关S_{st}闭合,系统处于自检测状态,自检测电压V_{self}通过开关S_{st}和S5加载在活动电极。当V_{sc}为低电平时,开关$S_{\mathrm{discharge}}$导通,此时系统处于正常检测状态。为保证自检测电路具有大的电压传输范围,开关S5和S_{st}采用CMOS开关,用于电荷泄放的$S_{\mathrm{discharge}}$采用n型伪管开关。

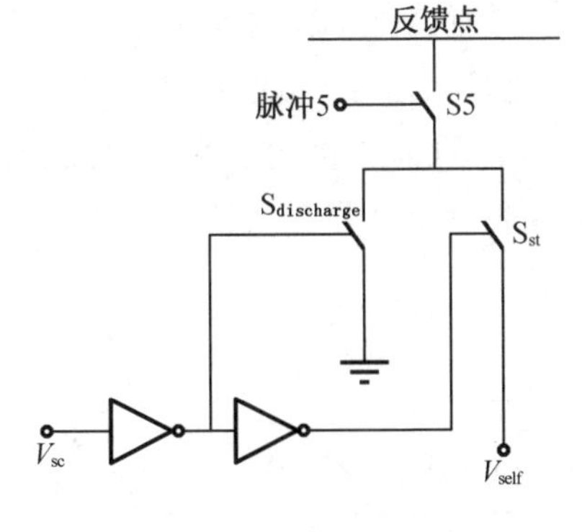

图4.23　自检测电路图

4.2.5　系统仿真结果

图4.24为微机械加速度计二阶Sigma-Delta系统数字输出的频谱分析结果，输入信号为幅值±1g，频率250 Hz的正弦信号，FFT分析点数为32 768点，计算该系统的SNDR为63.77 dB、ENOB为10.3位。从图4.24中可以看到，信号带内噪声为−90 dBV/Hz$^{1/2}$，等效于31.6 μV/Hz$^{1/2}$。由于系统灵敏度为1.1 V/(m·s^{-2})，因此系统噪声密度为28.7 μg/Hz$^{1/2}$。该噪声高于微机械加速度计四阶Sigma-Delta系统的输出噪声。由于二阶和四阶结构采用了相同的前级电荷积分器，具有相同的电路噪声水平，由此可见在微机械加速度计二阶Sigma-Delta系统中，量化噪声决定着系统的噪声水平。另外，由该结果可以看到，在微机械加速度计二阶Sigma-Delta系统中，存在着比较严重的谐波，进一步限制了系统的信噪比。

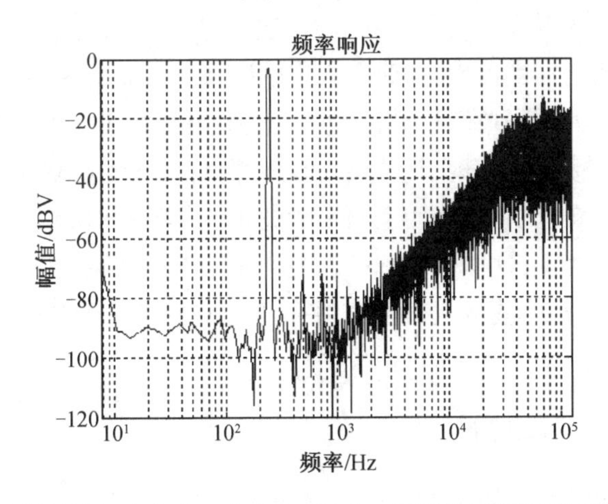

图4.24　微机械加速度计二阶Sigma-Delta系统数字输出的频谱分析结果

图4.25为闭环模拟输出的仿真结果,输入信号为幅值±1g、频率250 Hz的正弦信号。在图4.25中,(a)为输入信号,(b)为输出结果,由该结果可知,此时系统灵敏度为255 mV/(m·s^{-2}),(c)为质量块位移,在此输入范围内,质量块最大位移量为66.5 nm,(d)为质量块所受外力和反馈力的合力,可以看出该系统很好地完成了负反馈功能。

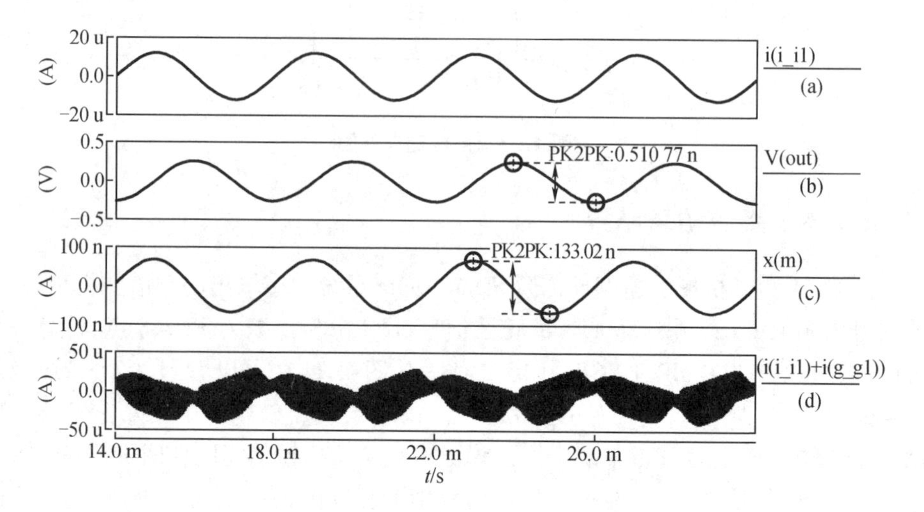

图4.25 闭环模拟输出的仿真结果

4.3 全差分微机械加速度计四阶Sigma-Delta接口电路

由于敏感结构为三端器件,即两个固定电极和作为输出的中间可变电极,因此对该输出信号直接处理的单端检测方式是广泛采用的处理方法。其优点是结构简单、控制时钟少,反馈易于实现;其缺点是零点漂移比较严重,驱动信号噪声对输出影响比较严重。事实上,也可将两个固定电极作为敏感结构的输出,采用全差分检测电路对信号进行处理,这样可以减小开关电荷注入和衬底噪声产生的共模干扰,提高电源抑制比,减小谐波失真。本节将介绍全差分微机械加速度计四阶Sigma-Delta接口电路。

4.3.1 整体方案设计

该电路的整体结构如图4.26所示,高频驱动信号施加在敏感质量块,两固定电极既作为传感器输出也作为反馈执行器，利用全差分电荷积分器完成电容－电压转换，对该输出信号进一步放大后，送入前置补偿器，通过相关双采样滤除低频噪声及运放失调，然后通过二阶开关电容积分器提供更好的量化噪声整形。电路中存在两个反馈，一个用于电学积分器反馈，另一个用于静电力反馈。

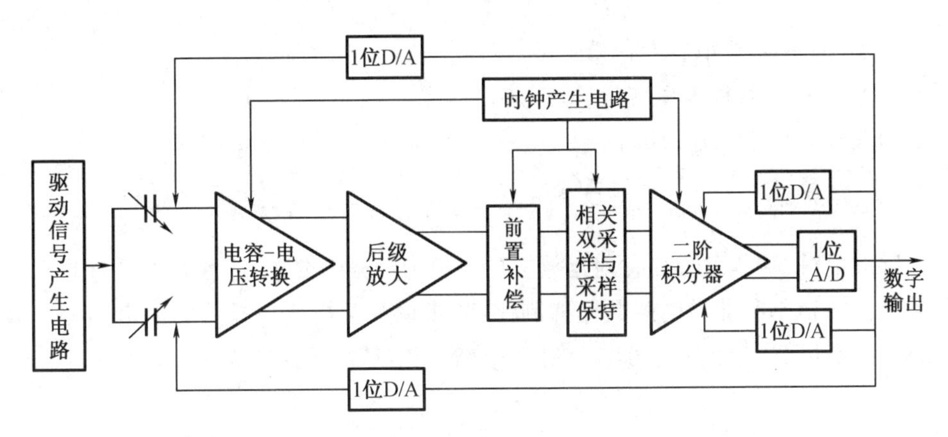

图 4.26　全差分微机械加速度计四阶 Sigma-Delta 整体结构

4.3.2　全差分电荷积分器

图 4.27 为电容式加速度计敏感单元与接口电路配置方案，图 4.27(a)为单端输出，高频驱动信号加载在两固定电极上，中间可变电极作为输出。通过互换固定电极与可变电极角色，该结构还可实现差分输出方式。图 4.27(b)为差分输出，高频方波信号施加在敏感结构的中间电极，两固定电极连接在差分检测电路输入端。以上两种结构都称为半桥结构。

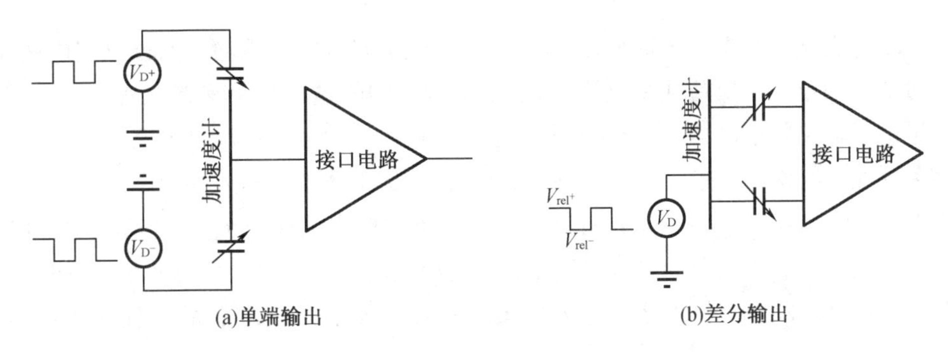

图 4.27　电容式加速度计敏感单元与接口电路配置方案

采用图 4.27(b)所示配置方案的半桥差分检测电路如图 4.28 所示,该电路的一个主要问题是,驱动信号在 $V_{ref}+$ 和 $V_{ref}-$ 之间变化时,产生运放输入共模的变化,导致转移到两积分电容电荷出现误差,对输出造成影响。该电荷误差 ΔQ 由下式表示:

$$\Delta Q = -\Delta C_S(2V_{ref} - \Delta V_{icm}) \tag{4.35}$$

式中 ΔC_S——差分电容变化量;

ΔV_{icm}——共模电压变化量。

电荷误差对输出造成的影响为

$$\Delta V_{out} = V_{out+} - V_{out-} = -\frac{\Delta C_S}{C_i}(2V_{ref} - \Delta V_{icm}) = -2V_{ref}\frac{\Delta C_S}{C_i}\left(1 - \frac{C_S}{C_S + C_i}\right) \tag{4.36}$$

除此之外,输入共模变化对运放提出了更为严格的要求,运放必须具有非常宽的输入共模范围和非常高的共模抑制比,防止输入共模变化导致的输出误差。另外,高频驱动信号幅值要很小,以维持运放输入信号在其共模范围内。

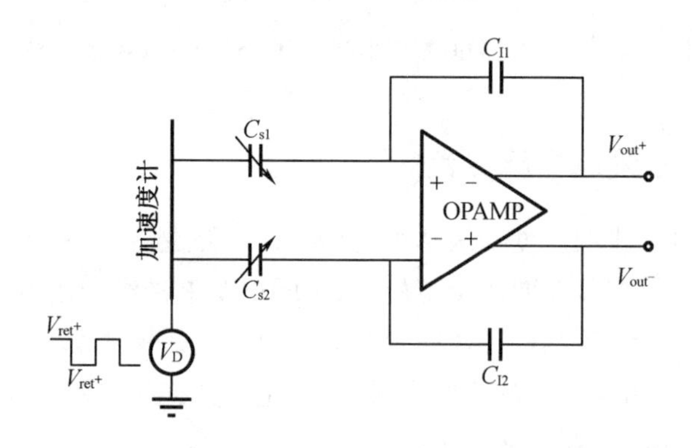

图 4.28 半桥差分检测电路

为解决输入共模变化带来的问题,可以在运放输入端加入输入共模反馈电路,通过两个固定电容反馈共模电压,构成了全桥结构的输入共模反馈方法。但该方法增加了电路复杂度,导致功耗和面积增加。还可以通过合理配置电路工作时序,使采样相位时输出与输入短接,利用输出共模反馈电路维持输入共模电压,避免输入共模反馈电路的使用。该方法对信号在一个周期内采样一次,不能有效地消除噪声和失调。更为简单的方法是直接在参考电容公共端接入与敏感质量块反相的激励电压,使驱动信号变化对输入共模干扰相互抵消。该方法的原理如图4.29所示。

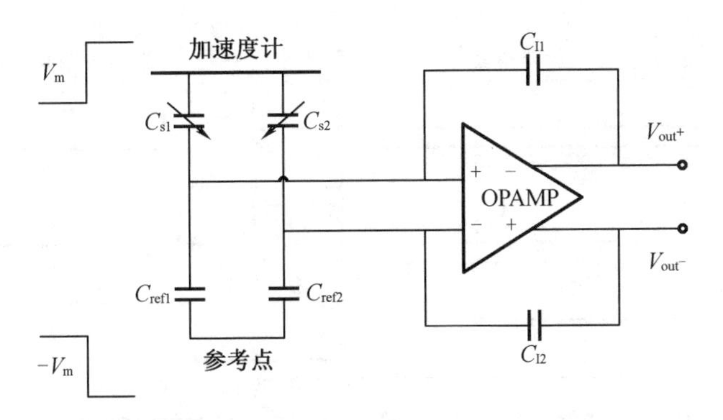

图 4.29 输入共模漂移消除方法的原理图

采用上述方法设计的全差分电荷积分器如图 4.30 所示,在该图中同时考虑了电路的反馈部分。一个时钟周期内电路工作分为 5 个相位,即清零相位、感应相位 A、感应相位 B、量化相位和反馈相位。

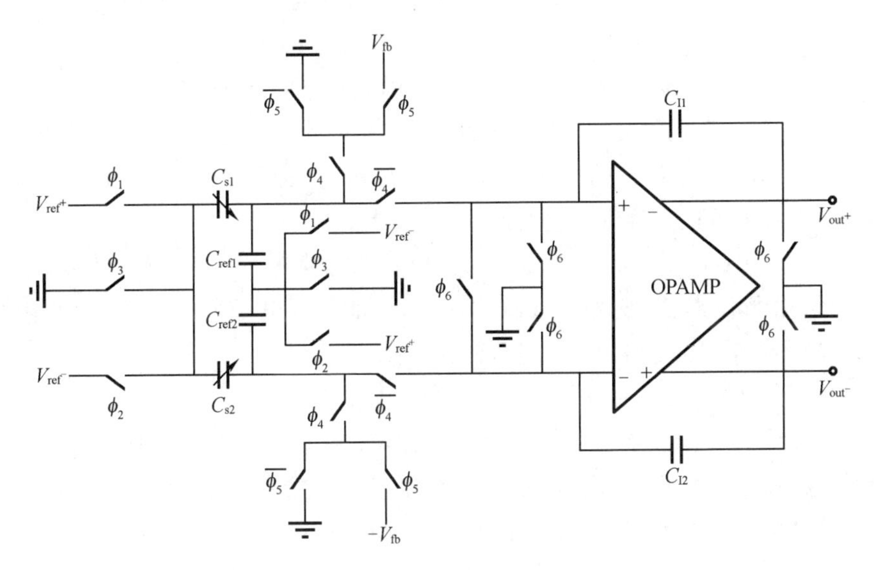

图 4.30 全差分电荷积分器

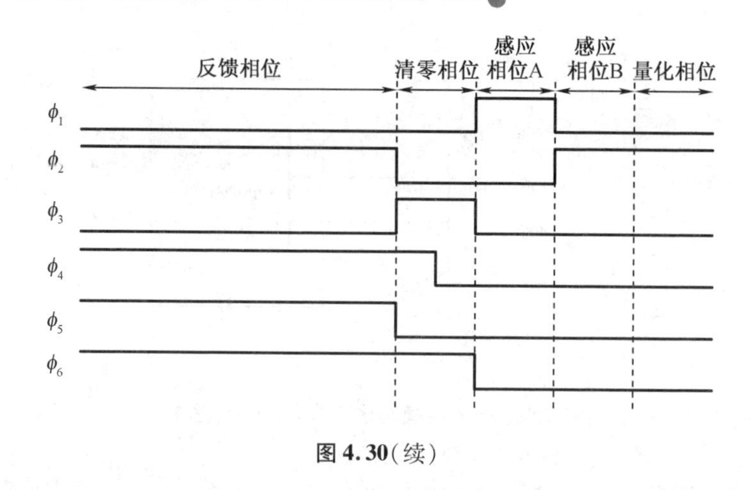

图4.30(续)

清零相位:反馈结束后,ϕ_3 变为高电平,敏感结构的中间电极连接在零电位,此时 ϕ_4 仍然为高电平,两固定电极也连接在零电位,两个可变电容及两个参考电容电荷都变为零。之后 ϕ_4 变为低电平,运放输入端与两固定电极连接,准备下个相位的信号检测。

感应相位 A:ϕ_3、ϕ_6 变为低电平,ϕ_1 变为高电平,两个可变电容的中间电极接在 $V_{ref}+$,两个固定电极连接在运放的输入端,两个参考电容的中间电极连接 $V_{ref}-$。此时积分器输出包括代表加速度信号的电压及清零相位产生的误差 V_{error},该输出存储在后级的采样保持电路的电容 C_H 上。

感应相位 B:ϕ_1 变为低电平,ϕ_2 变为高电平,参考电压 $V_{ref}-$ 施加在可变电容中间极板,输出信号与感应相位 A 存储在电容 C_H 上的电压相减,由于两个相位采样的误差相等,因此误差被消除,信号变为两倍。

量化相位:输出信号通过量化器产生数字输出。

反馈相位:ϕ_4、ϕ_5 变为高电平,根据量化器的输出判断施加在两固定电极反馈电压是 V_{fb} 还是 $-V_{fb}$,此时由于 ϕ_2 处于高电平,活动电极连接在 $V_{ref}-$,在两个固定电极与活动电极之间形成了不相等的静电力,拉动质量块回到平衡位置。

考虑电容之间的失配,该电荷积分器的输出为

$$V_{out}=2V_{ref}\left(\frac{\Delta C_S-\Delta C_{ref}}{C_f}\right)\left[1-\frac{C_{S0}(C_{ref}-C_{S0})}{(C_{S0}+C_f)(C_{ref}+C_f)}\right] \tag{4.37}$$

由该式可知,输出电压中有两个误差:一是由于参考电容之间的失配引起的误差;二是由参考电容与敏感电容的失配引入的误差。要消除这两个误差,需要满足 $C_{ref1}=C_{ref2}=C_0$。版图设计采用共质心设计,可以实现参考电容之间的高度匹配,

但微机械加工中敏感电容波动较大，很难实现参考电容与其相等。该误差可以通过后级的相关双采样予以消除。

全差分运算放大器的要求与单端结构中运算放大器要求相同，即低噪声、较大的带宽、较高转换速率、较大的输出摆幅及较高的共模抑制比（CMRR）。本书所设计的全差分运算放大器电路如图4.31所示。

由于共源共栅结构具有高速、低功耗、低噪声的优点，所以第一级采用共源共栅输入管和负载管。输入管采用大面积的PMOS管来减小等效输入噪声，衬底和源端短接来消除背栅效应，并获得较高的共模抑制比和改进匹配；另外，输入管选择较小的过驱动电压来获得较高的跨导 g_m；负载管选择较大的过驱动电压，以减小负载管对输入等效噪声的影响；对于各级提供电流偏置的电流源和电流镜，设计为较小的宽长比和较大的过驱动电压，以减小对输入等效噪声的影响，并且满足器件匹配的要求；将输出级的源级跟随器源衬相连来提供稳定的增益；将NMOS管与PMOS设计成电流匹配来降低失调电压。表4.2列出了该前级运算放大器的主要性能参数。

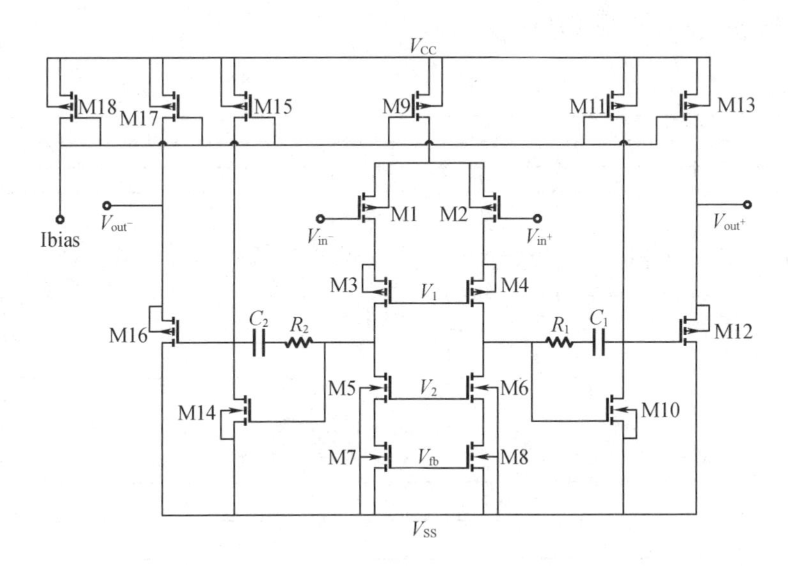

图4.31　全差分运算放大器电路

表 4.2　前级运算放大器的主要性能参数

参数名	参数值
开环增益	103.5 dB
单位增益带宽	40.6 MHz
相位裕度(5 pF 电容负载)	68.87°
功耗	6.8 mW
转换速率	57.79 V/μs
输入参考热噪声	20.54 nV/Hz$^{1/2}$

4.3.3　全差分前置补偿器

采用两个单端前置补偿电路可以构成差分补偿器,但这种电路有两个问题:首先是两个补偿电路分别对 V_{out^+} 和 V_{out^-} 处理,造成共模变化:其次是电路对称性差,容易造成输出误差。因此全差分前置补偿电路是最好的选择,其电路如图 4.32 所示,对应的工作时序也列于图中。

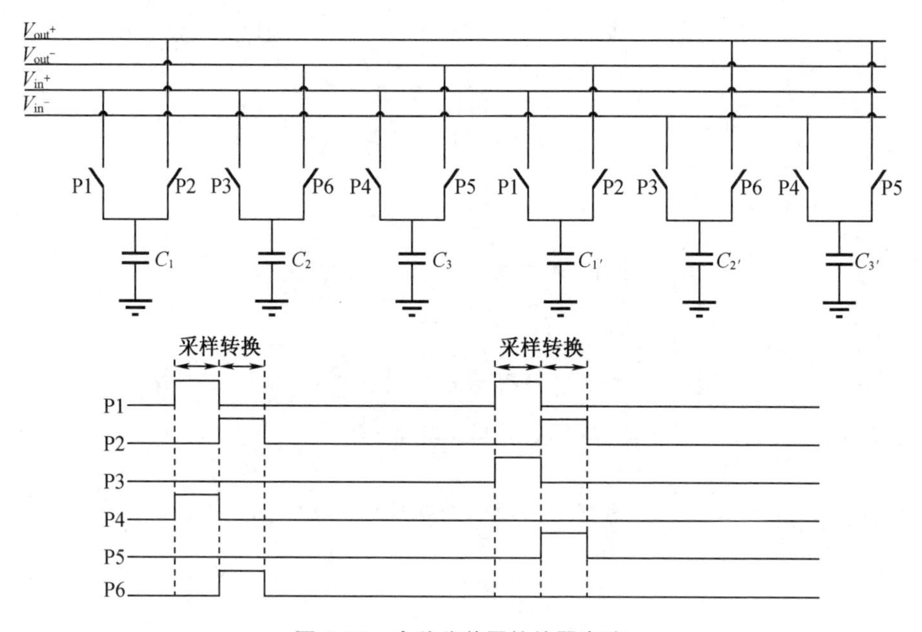

图 4.32　全差分前置补偿器电路

根据电荷守恒原理，由图4.32中第一和第二采样与电荷转移相电荷分别相等可得式(4.38)和式(4.39)：

$$V_{in+}C_1+V_{in+}(n-1)C_3=V_{out+}C_1+V_{out-}C_3 \tag{4.38}$$

$$V_{in-}C_1+V_{in-}(n-1)C_3=V_{out-}C_1+V_{out+}C_3 \tag{4.39}$$

以上两式相减可得

$$\frac{\Delta V_{out}}{\Delta V_{in}}=\frac{C_1-C_3z^{-1}}{C_1-C_3}=\frac{C_1}{C_1-C_3}(1-\frac{C_3}{C_1}z^{-1}) \tag{4.40}$$

该电路具有与前置补偿一样的传输函数，补偿系数由电容 C_3 与 C_1 的比例决定。

4.3.4 静电力反馈

单端结构中，根据量化器的输出判断反馈回活动电极的电压是 V_{fb} 还是 $-V_{fb}$，在正负驱动信号作用下，形成与惯性力相反的静电合力。差分结构中，驱动信号施加在活动电极，因此只能将反馈电压加载在固定电极。通常采用的方式如图4.33(a)所示，反馈时活动电极接地，两固定极板一个接反馈电压 V_{fb}，另一个接在零电位，形成与惯性力相反的静电力 F_{fb}，则

$$F_{fb}=\frac{1}{2}\frac{C_{S0}}{d_0}V_{fb}^2 \tag{4.41}$$

由式(4.41)可知，活动电极所受静电合力与反馈电压为二次方关系，降低了系统线性度。为改善上述问题，可以采用双侧静电力反馈方式，如图4.33(b)所示。反馈时，活动电极接负电源电压 V_{SS}，在两极板上分别施加反馈电压 V_{fb} 和 $-V_{fb}$，因此，质量块所受静电合力为

$$F_{fb}=\frac{1}{2}\frac{C_{S0}}{d_0}(V_{SS}-V_{fb})^2-\frac{1}{2}\frac{C_{S0}}{d_0}(V_{SS}+V_{fb})^2=-\frac{2C_{S0}}{d_0}V_{SS}V_{fb} \tag{4.42}$$

由此可见，该方式提高了系统线性度。反馈时，也可将活动电极连接在正电源电压 V_{CC} 上，此时只要将反馈回固定电极的电压互换即可。

4.3.5 系统仿真结果

使用Hspice工具对整体电路进行仿真，图4.34为加入全桥平衡电路模块前后运放输入端的仿真结果，图4.34(a)为加载在活动质量块上的驱动信号，图4.34(b)为半桥结构的运放输入波形，图4.34(c)为引入本书所采用的全桥平衡模块后的运放输入波形。由该结果可见，在半桥结构中，随着驱动信号的变化，运放

的输入共模电压发生了严重的跳变，引入全桥模块后，输入共模变化小于 3 mV，保持了输入共模的稳定。图 4.34(c) 中的尖峰信号，是由于平衡电桥控制开关电荷注入和平衡电桥对应两两之间的延迟造成的，这些尖峰比较小，并不影响电路功能。

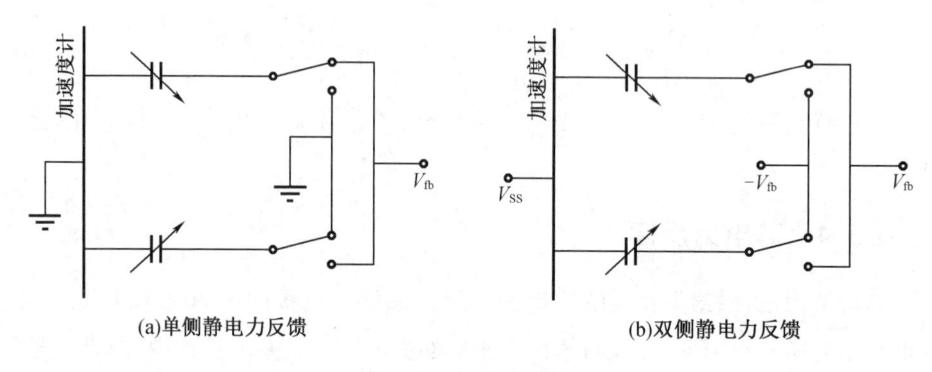

图 4.33　1 位力反馈

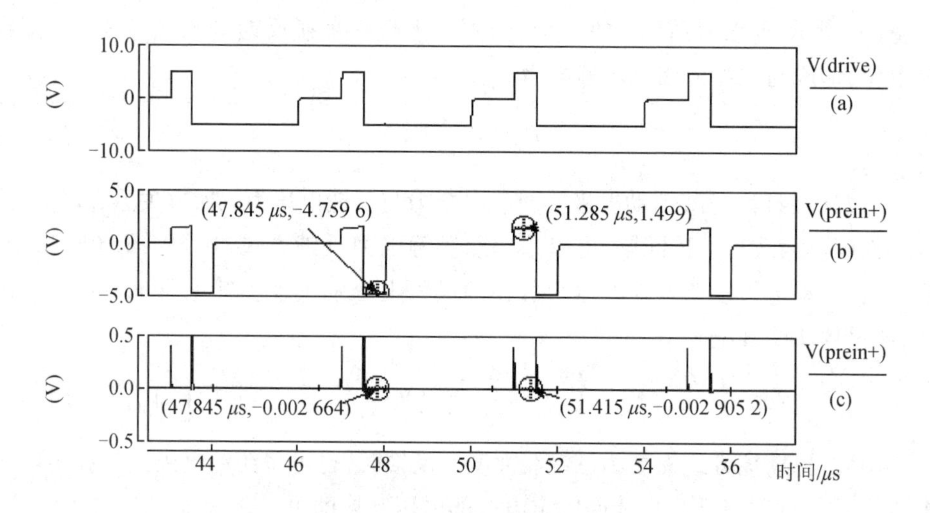

图 4.34　前级运放输入电压仿真结果

图 4.35 为系统的输出频谱图，仿真中输入为幅值 ±1g、频率 250 Hz 的正弦信号，采样频率为 256 kHz，过采样率为 128。计算该系统的 SNDR 为 84.68 dB，ENOB 为 13.77 位。

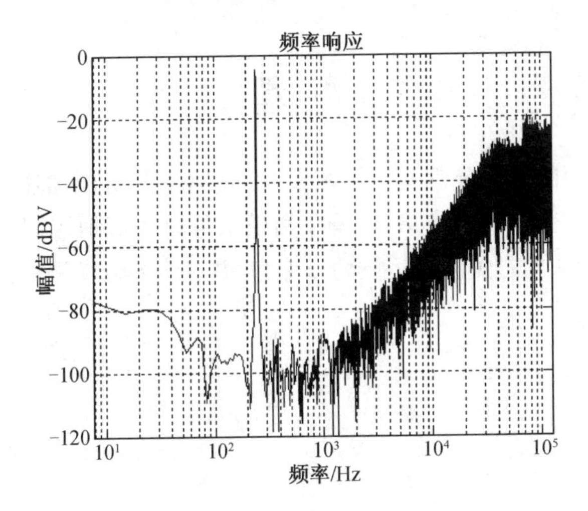

图 4.35 系统的输出频谱

在 ±1g 输入范围内,改变输入信号幅值,得到的单端和差分输出的仿真数据及采用最小二乘法拟合的直线如图 4.36 所示,单端输出和差分输出的非线性度分别为 0.129% 和 0.085%,因此差分电路结构系统线性度提高了 34.1%。

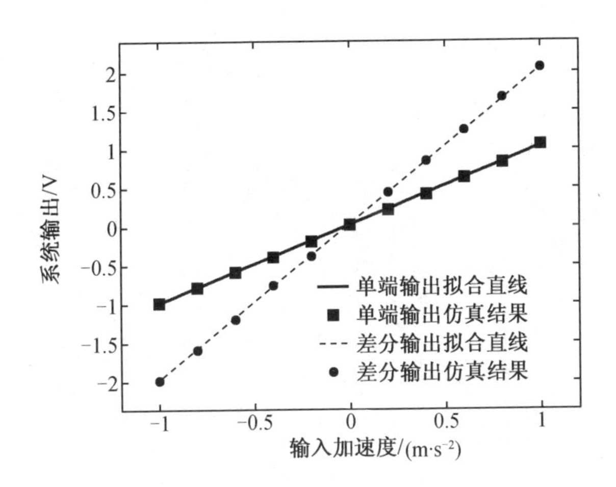

图 4.36 系统线性度仿真结果

4.4 本章小结

本章结合前面的理论分析及系统级设计,介绍了微机械加速度计 Sigma-Delta 接口电路的设计。仿真结果表明,全桥平衡模块可以很好地控制前级运放输入端共模电平的变化,从而避免前级运放输入饱和,并且全差分检测电路结构可以有效地提高系统线性度。

第5章　Sigma-Delta ADC 在 CMOS 图像传感器中的应用

图像传感器是进行数字图像采集的核心部件，利用半导体材料的光电转换效应可实现对光信号的捕获及向电信号的转化和后处理。图像传感器可以提高人眼的视觉范围，使人们看到肉眼无法看到的微观世界和宏观世界，看到人们暂时无法到达处发生的事情，看到超出肉眼视觉范围的各种物理、化学变化过程，看到生命、生理、病变的发生和发展过程等。图像传感器在人们的文化、体育、生产、生活和科学研究中起到非常重要的作用，可以说现代人类活动已经无法离开图像传感器。

半导体图像传感器包括电荷耦合器件（charge coupled Device，CCD）图像传感器和互补金属氧化物半导体（complementary metal Oxide semiconductor，CMOS）图像传感器。CMOS 图像传感器具有高度的集成性，可以将像素阵列、时序控制电路、ADC 和信号处理电路等摄像系统所需的各个功能模块都集成到同一芯片中。为进行后续的数字信号处理，像素输出的模拟信号必须转化为数字输出，CCD 图像传感器需要外加 ADC，而 CMOS 图像传感器可以将 ADC 集成在芯片内部。ADC 根据在图像传感器芯片上集成层次的不同分为芯片级 ADC、列级 ADC 和像素级 ADC。

近几年，列并行 Sigma-Delta ADC 被引入到 CMOS 图像传感器的设计中，但由于该 ADC 电路结构复杂，开始仅限于大像素尺寸、低速的图像传感器中，且其性能也低于其他 ADC 结构。近两年，三星公司采用反相器作为放大器，结合两级积分结构和采用一级积分结合 2 – bit 量化，大大提高了电路的处理速度，降低了功耗，且获得了良好的性能，使 Sigma-Delta ADC 结构的 CMOS 图像传感器实现了产品化，也使得该结构成为未来 CMOS 图像传感器发展的趋势。本章将介绍 Sigma-Delta ADC 在 CMOS 图像传感器中的应用。

5.1　CMOS 图像传感器的发展

目前，图像传感器被广泛应用于卫星对地观测、无人机对地侦查、红外夜视、机器视觉、视频监控、汽车电子、数码相机、拍照手机、医疗电子等领域。随着数码技术、半导体制造技术及网络的迅速发展，市场和业界都面临着跨越各平台的视频通信、影音大整合时代的到来。短短的几年，数码相机就由几百万像素，发展到几千万像素甚至更高,智能手机、平板电脑爆炸式增长也使图像传感器成为当前以及未来业界关注的对象。在汽车领域,为汽车配备先进驾驶辅助系统已成为趋势,其目的是通过使用具有自动制动、车道偏离警报、死角检测、夜视及道路标识识别功能的防碰撞系统来防止事故。这种系统使用图像自动分析技术和可视化技术。将来,汽车最少会配备6个摄像头,对于图像传感器厂商而言,也是一大发展机会。此外,图像传感器在医疗影像、手势识别、X射线CMOS检测器、三维(3D)影像等领域也有广泛应用(图5.1和图5.2)。

图5.1　图像传感器在数码相机中的应用

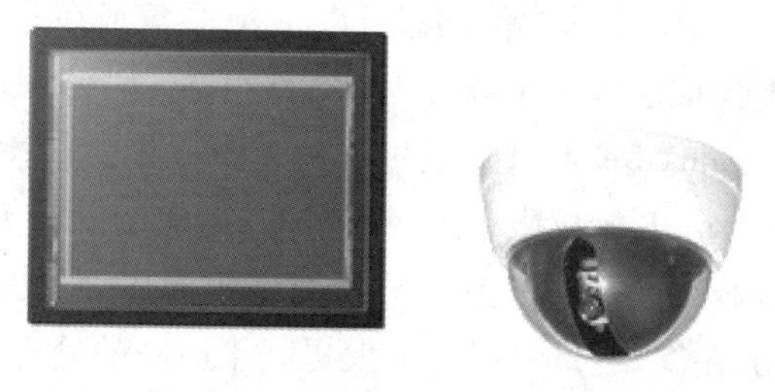

图5.2　图像传感器在安防监控中的应用

在过去的二十多年中,CCD图像传感器因其具有低固定模式噪声、低暗电流、高灵敏度、高量子效率等优点一直占据着图像传感器市场的大部分份额。近几年,随着CMOS工艺、像素和片上信号处理技术的不断创新突破,CMOS图像传感器的性能已开始超越CCD,并成为图像传感器研究领域的热点和产业界主流。CMOS图像传感器与CCD图像传感器相比,具有单片集成、高可靠性、单电压、低功耗、低成本等明显优势,在手机视频、安全监控、机器视觉、医疗成像等诸多领域已取代CCD图像传感器,并开始向高清专业摄像、高精度工业视觉、抗辐射太空成像等专业高端领域迈进。

目前,CMOS 图像传感器芯片的市场占有率已超过 90%,成为图像传感器市场的主流。垄断图像传感器市场长达 20 多年的 CCD 图像传感器巨头日本索尼公司,也于 2003 年将其 CCD 研发团队的大部分人力和投资转向 CMOS 图像传感器的研制,并快速成为这一领域的领头羊。此外, Omivision、Aptina、Cypress、意法半导体、Teledyne DALSA、CMOSIS、三星等公司也在 CMOS 图像传感器领域占据重要地位。近几年,随着国内 CMOS 图像传感器设计和工艺技术的突破,以上海格科微电子、北京思比科微电子和深圳比亚迪微电子等公司,以及天津大学、中科院微电子所、中科院半导体所等为代表的 CMOS 图像传感器芯片设计单位研制的 CMOS 图像传感器已在低端手机市场大量取代进口芯片,实现了大规模产业化应用(图 5.3)。

图 5.3 CMOS 图像传感器

CMOS 图像传感器能够快速发展, 一是基于 CMOS 技术的成熟,二是得益于固体图像传感器技术的研究成果。在 CMOS 图像传感器和 CCD 图像传感器诞生之前,已经有 MOS 图像传感器。20 世纪 60 年代,许多研究机构采用 NMOS、PMOS 或双极工艺技术研究固体图像传感器,并取得了不同程度的成功。1963 年,Morrison 研制了一种用光导效应测定光斑位置的结构,这种结构利用光电导效应原理可以决定光斑的位置。1964 年,IBM 公司研制了一种电阻网络寻址的 n－p－n 结阵列扫描器,这种扫描器可产生与入射光强成比例的输出脉冲。1966 年,西屋公司研制了一个 50 像元×50 像元的单片式光敏晶体管阵列。以上这些传感器都可以产生与瞬间入射光强成比例的信号,但不能输出任何有意义的积分光生信号。这些器件的灵敏度低,像元内需要有信号增益。

1967 年,仙童公司的 Weckler 提出了以光子通量积分模式工作的 p－n 结,光电流收集在反向偏置的 p－n 结电容中，并提出了采用 PMOS 开关读出积分电荷的方法。也是在 1967 年，RCA 报道了 180 像元×180 像元的 CdS/ CdSe 薄膜晶体管（TFT）和光敏电阻阵列，这种阵列包含以顺序寻址像元的自扫描互补逻辑电路。1968 年，仙童公司首次报道了 100 像元×100 像元的光敏二极管阵列，并实现了商业化。

1968 年，英国 Plessey 公司的 Noble 在一篇文章中描述了几种自扫描硅图像传感器阵列结构，描述了表面光敏二极管和埋沟道光敏二极管，讨论了用于读出的电荷积分放大器，还介绍了首次用于像元内信号读出缓冲的 MOS 源跟随晶体管。1969 年，Chamberlain 描述了改进的图像传感器模式和传感器工作方式。1970 年，Fry Noble 和 Ryceoft 在一篇文章中探讨了固定图形噪声（FPN）。

1970 年，CCD 图像传感器诞生，它的固定图形噪声基本可以忽略，这是 CCD 在多种固体图像传感器中被广泛采用的主要原因之一。

20 世纪 70 年代和 80 年代，当人们热衷于发展 CCD 的同时，仅有日立公司、三菱公司等几个研究机构从事 MOS 图像传感器的研究。日立公司开发了三代 MOS 图像传感器，并率先推出了基于 MOS 图像传感器技术的摄录机，后来，也许是残余热噪声的原因，日立公司最终放弃了在 MOS 图像传感器方面的努力。20 世纪 80 年代后期，当 CCD 在可见光成像方面唱主角的时候，混合式红外焦平面阵列和高能物理粒子/光子极点探测器却没有使用 CCD 混合式红外焦平面阵列，而是采用 CMOS 多路传输器作为信号读出电路。

进入 20 世纪 90 年代，由于对小型化、低功耗和低成本成像系统消费需要的增加，关于 CMOS 图像传感器的研究工作开始活跃起来。苏格兰爱丁堡大学和瑞典 Linkoping 大学的研究人员分别进行了低成本的单芯片成像系统开发。喷气推进实验室（JPL）研究开发的高性能成像系统，其目标是满足美国国家航空航天局（NASA）对高度小型化、低功耗成像系统的需要。他们在 CMOS 图像传感器研究方面取得了令人满意的结果，并推动了 CMOS 图像传感器的快速发展。此时，尽管与 CCD 技术相比 CMOS 技术的噪声和失配限制了它的质量，但是它低成本、低功耗、高集成度等优点使其再度受到人们的重视。1995 年，在成功地论证了低噪声 CMOS 有源像素的可行性之后，CMOS 图像传感器开始迅速发展。

随着 CMOS 图像传感器应用领域的不断扩大，传统结构的 CMOS 图像传感器已经不足以满足人们的应用需求，各种新结构、新工艺、新材料的图像传感器不断被开发出来。

为了更方便地进行信号处理，人们研制出脉冲调制（pulse modulation, PM）类型传感器。在传统的 CMOS 图像传感器中,信号要经过一定时间的积累再读出,而在 PM 类型传感器中,当经过一段时间后信号就开始读出。PM 类型传感器包括脉宽调制(pulse width modulation, PWM)和脉频调制(pulse frequency modulation, PFM)两种。PWM 类型图像传感器首先由 R. Muller 提出,在这种结构中,像素内部产生了直接的数字输出,非常适合做片上信号处理。另外,PWM 结构可以工作在低于 1 V 的电源电压下,可以获得很高的动态范围,像素内的比较器可以通过一个简单的反相器降低像素面积,提高填充因子。当像素内的信号达到一定的阈值后,PWM 产生输出信号。在 PFM 结构中,当积累的信号达到一定阈值后,产生输出,然后积累的电荷置位,电荷积累重新开始,重复以上过程,将持续不断地产生输出信号,信号频率正比于输入光强。PFM 结构首先由 K. P. Tanaka 提出。PFM 类型图像传感器主要应用于极低光照探测,如生物医学等领域。PWM 和 PFM 的基本结构如图 5.4 所示。

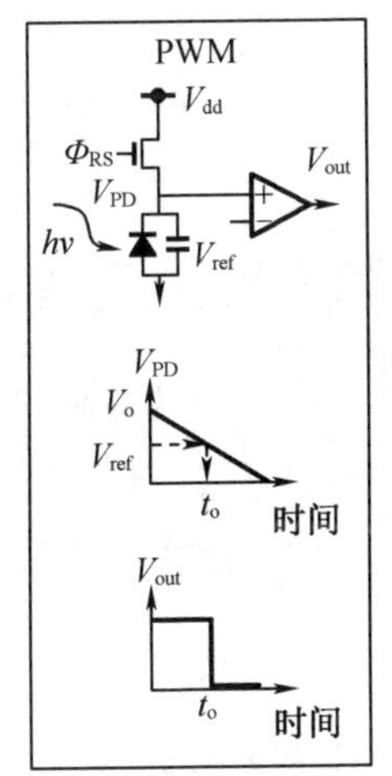

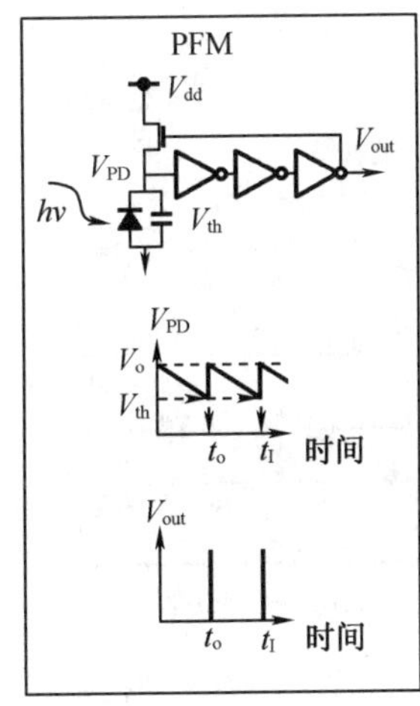

图 5.4 PWM 和 PFM 的基本结构

目前,CMOS 图像传感器普遍采用体硅 CMOS 技术实现,而在体硅 CMOS 工艺中,有源 MOS 器件受辐射影响十分严重,这是因为体硅 CMOS 工艺中,所有器件都制作在硅衬底上,辐射粒子在硅衬底产生的载流子会严重影响器件特性,导致闩锁效应(Latch-up)产生,甚至导致器件被损坏。由于 SOI 工艺对辐射的抗干扰能力强,被广泛应用于抗辐射器件研制中。SOI CMOS 技术是在绝缘衬底上形成单晶硅制作半导体器件的技术。单晶硅膜的厚度通常小于 160 nm,如此薄的硅膜不易受辐射粒子影响，并且由于 SOI CMOS 电路具有完全的介质隔离，使薄膜器件不易受辐射产生的电子－空穴对的影响。辐射产生的光电流比普通 CMOS 电路小近三个数量级，因此在抗单粒子翻转、瞬时辐射等方面有突出优势，并且由于 SOI 工艺中没有衬底，不存在寄生三极管，也不会有闩锁效应的产生。目前，抗辐射 SOI CMOS 图像传感器在空间领域的应用研究涉及地球勘测、遥感成像、星敏感器等星图像采集功能和飞船可视系统等空间探测、导航领域。

光波长范围内的透明材料适宜制作背光式 CMOS 图像传感器，这种结构填充因子高，光响应角度大。图 5.5 给出了传统 COMS 结构和背光结构的图像传感器的截面图，由图可见在传统结构中，输入光经过较长的距离到达光电二极管，产生了像素间的串扰，而且金属线会阻挡部分入射光。在背光式图像传感器中，微透镜与光电二极管间的间距被减小，光特性被大大提高，且缩小了像素尺寸。2009 年，日本索尼公司和美国豪威科技股份有限公司采用背光技术，将单个像素的尺寸缩小到了 1.4 μm 以下。

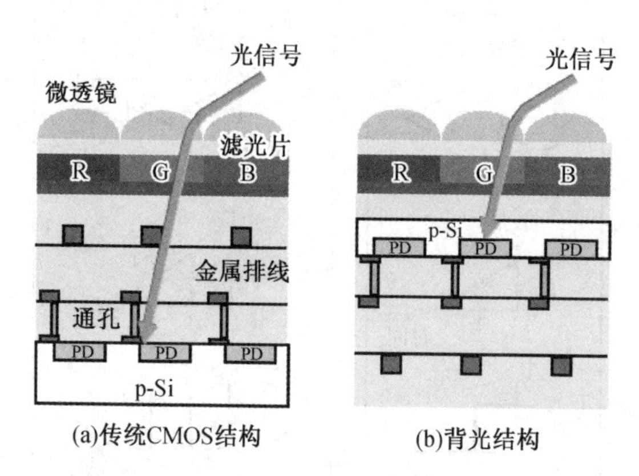

图 5.5　传统 CMOS 结构和背光结构的图像传感器的截面图

为了在有限的面积上集成更多的电路，日本索尼公司开发出了 3D 集成技术。在这种构造中，像素并不是配置在信号处理电路周围，而是层叠配置，通过把电路部分和像素部分设置在不同基板上，能够分别对其电路的制造工艺进行优化，制造出灵敏度更高、读取速度更快、与信号处理部分高度整合的传感器。其相邻两层之间的链接通过微通孔、电感耦合、电容耦合或光耦合来实现。有一些 3D 图像传感器采用 SOI 或 SOS 工艺制作，以方便于两片晶圆键合。3D 集成结构的图像传感器在顶层实现感光，信号处理由下层完成，因此 3D 结构易于实现像素级的信号处理或是像素并行信号处理。图 5.6 给出了 3D 图像传感器结构示意图和截面结构。由于生物眼睛具有垂直层结构,3D 集成的图像传感器非常适用于模拟生物系统。

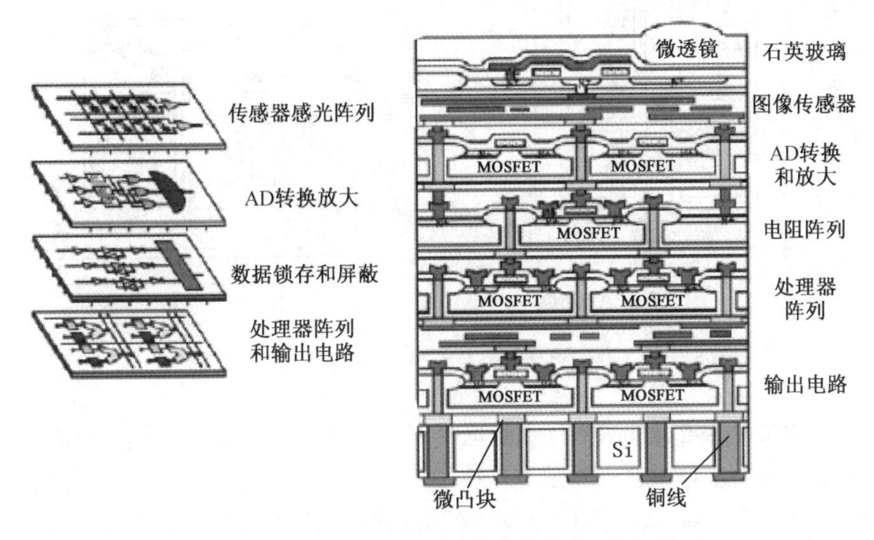

图 5.6 3D 图像传感器结构示意图和截面结构

5.2 CMOS 图像传感器相比于 CCD 图像传感器的优点

CCD 图像传感器是用 2 相、3 相或 4 相时钟控制靠得很近的 MOS 电容构成的动态电荷移位寄存器。当时钟为高电位时,电容工作在深耗尽区。电荷传输(从一个电容到下一个电容)速度必须足够高,以避免漏电流的影响,但也不能太高,以确保高的传输效率。图 5.7(a)给出了一个简化的转移型 CCD 图像传感器阵列的系统结构。其工作过程如下:在光积分期间,光生电荷存储在像素单元的势阱里;当光积分结束,像素单元中的光生电荷便转移到垂直读出寄存器,此时的转移过程是并行的,也就是说各列像素单元的光生电荷同时转移到对应的垂直读出寄存器中;转移到垂直读出寄存器中的光生电荷在读出脉冲的作用下一行行地向水平读出寄存器中转移,水平读出寄存器快速地将其经输出放大器输出,在输出端得到光学图像的一行行的图像信号。

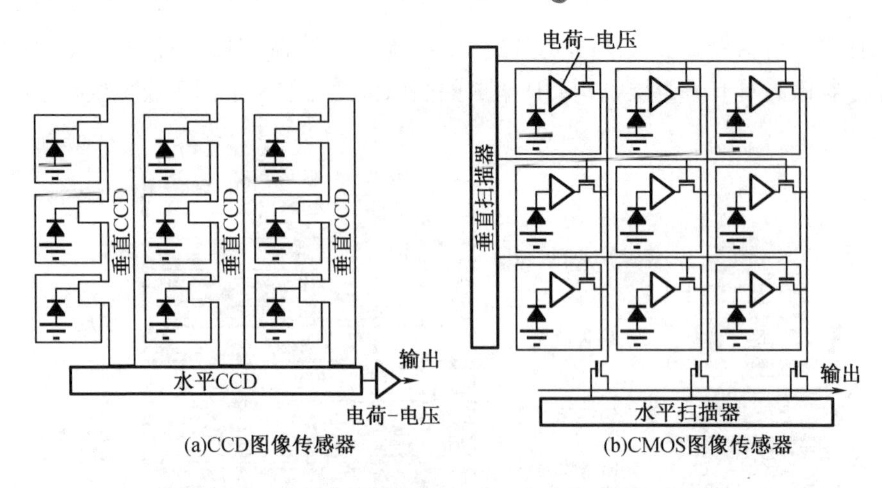

(a)CCD图像传感器　(b)CMOS图像传感器

图 5.7　CCD 图像传感器与 CMOS 图像传感器系统结构

CCD 图像传感器最突出的优点是低噪声，暗电流小，因此成像质量非常好。但 CCD 图像传感器也存在着一些缺点。由于 CCD 技术要求整个工作过程保持几乎完美的电荷传输效率，从而使 CCD 器件的应用受到了很大的影响，这也是 CCD 技术受限制性的根本原因。CCD 技术的不足之处表现在以下几个方面：

(1)易受辐射的影响；

(2)工作需要相对复杂的、高速的移位时钟；

(3)由于需要高速的时钟，导致功耗很大；

(4)需要多个相对高的电源电压(高到 15 V)；

(5)光电探性能优化要求采用非标准工艺，与 CMOS VLSI 电路不兼容，因此很难将其他的信号处理电路和感光电路集到单个芯片上；

(6)帧频受到每个像素串联读出和电荷传输效率等因素的限制。

CMOS 图像传感器与 CCD 图像传感器最根本的差别在于信号的读出结构。CMOS 图像传感器系统结构如图 5.7(b)所示，在 CMOS 图像传感器中，无源像素中的电荷或有源像素中的电压是通过与 DRAM 存储器类似的行列译码器读出的，每一个像素都可以通过坐标系直接读出。这意味着 CMOS 有源像素将光生电荷转换为电压信号，并将信号直接读出，而 CCD 像素传输的是电荷。这种读出电路结构上的差异以及制造工艺上的不同，使 CMOS 图像传感器具有 CCD 图像传感器所不具有的一些优点：

(1)CMOS 图像传感器工艺是在 CMOS 混合信号工艺基础上发展而来的，工艺基础好，流片成本低；

(2)CMOS 电路及系统设计资源丰富,如标准单元库、IP 核等都可以直接使用,同时支持 CMOS 集成电路设计的 EDA 工具较全,可靠性较高;

(3)CMOS 工艺可以实现系统级的 SOC,可将摄像系统中所有必要的功能都集成到单个芯片上,因此集成的片上系统 SOC 避免了芯片组合可能出现的问题,提高了图像传感器的可靠性,降低了成本;

(4)像素的信号可以根据行列进行随机存取,这种操作方式与 DRAM 相似,从而使得窗口读取成为可能,因此图像传感器可以增加图像压缩、目标跟踪等功能。

(5)CMOS 有源像素一般都是并行读出和处理,电路本身的速度很快,因此可以在一些高速场合使用;

(6)CMOS 图像传感器不需要多个电源电压,也不需要高压电源,功耗仅为 CCD 图像传感器功耗的 1/100,非常适合于笔记本电脑、移动电话、平板电脑等便携式电池供电设备。

5.3 CMOS 图像传感器基本结构

CMOS 图像传感器包括由二维阵列构成的感光区域,垂直和水平读出电路,固定模式噪声(FPN)抑制电路,片上模数转换电路(ADC)及时钟等控制电路,其基本结构如图 5.8 所示。根据传感器的信号输出类型,CMOS 图像传感器可分为模拟输出图像传感器、数字输出图像传感器和 SOC 图像传感器。SOC 图像传感器包含像素阵列、模拟前端、模数转换及后端数字信号处理部分。

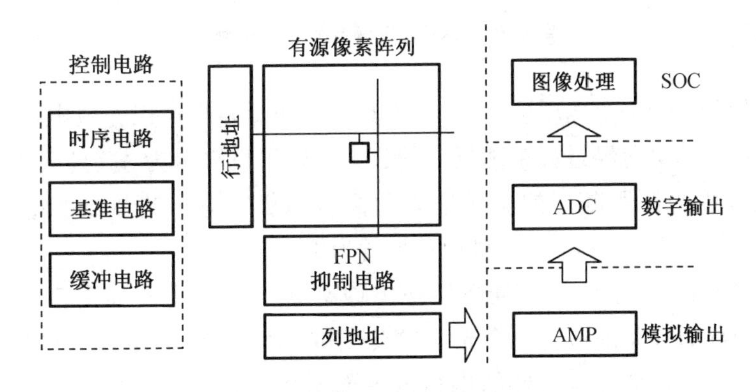

图 5.8 CMOS 图像传感器基本结构

5.3.1 像素和像素阵列

CMOS 图像传感器像素单元由光电二极管、光电二极管置位开关、信号放大和输出电路构成。带有信号放大功能的像素称为有源像素，图 5.9(a)给出了典型的三管有源像素电路。光电二极管置位晶体管 M_{RS}，选择晶体管读出 M_{SEL} 连接到行总线上，像素输出连接到列信号线上。在行地址电路的控制下，某一行被选通，行选脉冲施加在 M_{SEL} 和 M_{RD} 管子的栅极，且源跟随器的电流负载接通，光电转换的电压 V_{PIX} 由源跟随器输出，并被采集到采样保持电容 C_{SH} 上，在列地址电路的控制下逐列输出。

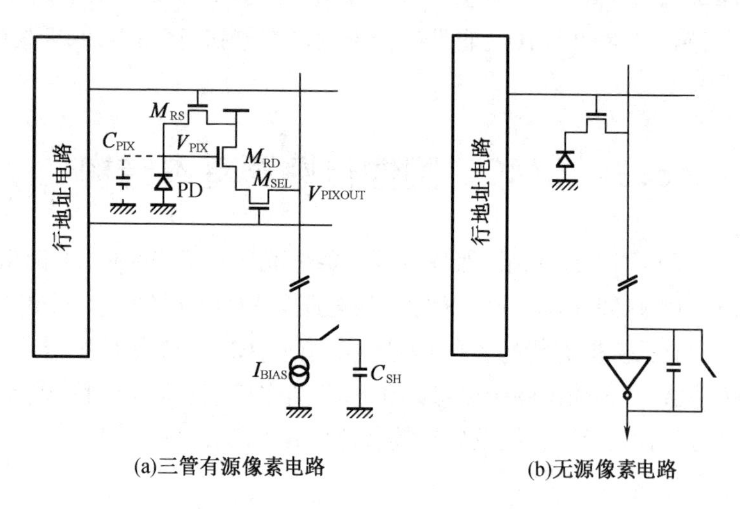

(a)三管有源像素电路　　(b)无源像素电路

图 5.9　无源与三管有源像素电路

源跟随器作为一个电压缓冲器，虽不具备电压增益但可以完成电流放大。光电二极管产生的电荷经过源跟随器后的放大倍数可以表示为 $A_V(C_{SH}/C_{PIX})$，其中 A_V 和 C_{PIX} 分别为源跟随器的电压增益和像素内部电荷存储节点的电容。如果 $C_{PIX}=5$ fF，$C_{SH}=1$ pF，$A_V=0.8$，则电荷增益为 160。

无源像素也可以应用于 CMOS 图像传感器中，其基本电路如图 5.9(b)所示。无源像素电路只简单地包含一个光电二极管和一个选择开关，光电转换电荷直接由像素读出，并由像素阵列外的电荷放大器放大。这种无源像素，对于特定的 CMOS 工艺，在给定的像素尺寸时可获得最高设计填充因子(fill factor, FF)，或在给定设计 FF 时可获得最小的像素尺寸，有时也可增加第二个晶体管以允许真正的

$X-Y$ 取址。由于无源像素具有高 FF 和没有多晶硅覆盖层(许多 CCD 中存在),因此无源像素的量子效率可以非常高。无源像素最主要的问题是读出噪声和标度性(scaling)。商业 CCD 可获得低于 20 个电子 RMS(root-mean-square)读出噪声,而无源像素典型的 RMS 读出噪声为 250 个电子。由于总线电容的增加和较快的读出速度都将导致较高的读出噪声,因而无源像素很难较好地标度到较大阵列尺寸和较快的读出速率。

5.3.2 固定模式噪声(FPN)抑制

在 CCD 图像传感器中,所有的电荷都传输到寄存器终端的电荷放大器转换为电压输出,所有电荷信号通过同一个放大器完成转换,放大器的失调是相同的,因此具有良好的一致性。然而在 CMOS 图像传感器中,每一个电荷放大器位于像素内部,其一致性较差,因此导致了固定模式噪声(fixed pattern noise, FPN)产生。复位开关 M_{RS} 的阈值电压的波动是 FPN 最大的噪声源,其电压波动可达数百毫伏。因此,CMOS 图像传感器中必须引进一个电路模块来抑制固定模式噪声。常见的 FPN 消除方式有两种:列相关双采样(correlated double sampling, CDS)和差分 Delta 采样(differential delta sampling, DDS)。

CDS 抑制 FPN 电路如图 5.10 所示,偏置电流源连接在像素输出节点构成了源跟随器电路产生输出电压。当 FD 节点被置位,采样保持(S/H)电容 C_{SH} 被钳位在 V_{CLP},断开钳位开关,电荷传输开关 TX 打开,信号电荷从光电二极管传输到节点 FD,使 V_{FD} 下降,电容 C_{SH} 再采样该电压值,这样像素的直流失调就可以被消除掉。相减后 V_{SH} 可以表示为

$$V_{SH}=V_{CLP}-A_{V}\frac{Q_{PH}}{C_{FD}}\frac{C_{IN}}{C_{IN}+C_{SH}} \tag{5.1}$$

式中,A_V、Q_{PH}、C_{IN} 和 C_{FD} 分别为源跟随器增益、信号电荷、CDS 的输入电容和 FD 节点电容。尽管该电路非常简单,但其性能受到电压增益 $C_{IN}/(C_{IN}+C_{SH})$、钳位开关阈值电压波动和共模噪声注入的影响。采用开关电容放大器和多级结构可以有效减少该问题。

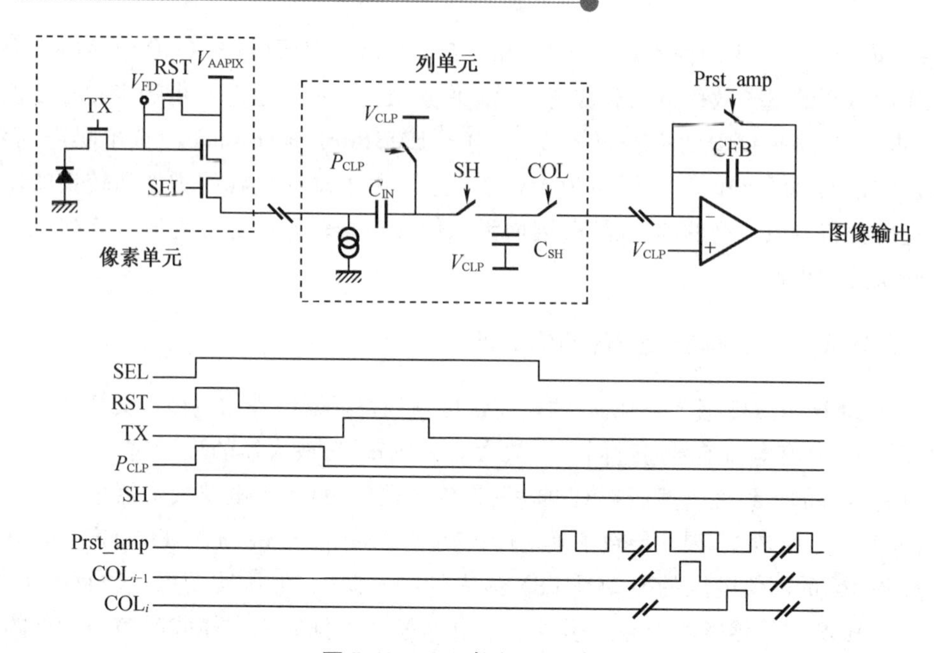

图 5.10　CDS 抑制 FPN 电路

DDS 电路用来消除差分 FPN 抑制电路中两条信号通路上的失配。图 5.11 为一个采用 DDS 的 FPN 抑制电路示例,采样保持电路 C_{SHS} 和 C_{SHR} 分别用来采样 V_{SIG} 和 V_{RST}, PMOS 源跟随器的输出通过电容连接在差分运放的两个输入端。当两个信号采样到采样保持电容上,水平扫描开始,当第 i 列被选中,两并行的 PMOS 源跟随器启动并分别产生 V_{SIG} 和 V_{RST}。差分放大器的输入端首先初始化为 V_{CLP},用以消除 PMOS 源跟随器的失调电压。在列信号读出的前半个周期,差分放大器输出其自身的失调,后半个周期输出 V_{SIG} 和 V_{RST} 的差值。该电路的输出可以表示为

$$\{(\alpha_1+\alpha_2)/2\}(V_{RST}-V_{SIG}) \tag{5.2}$$

式中,α_1、α_2 分别为两个通路的增益,由于这两个增益因子平均为 1,其增益失调可以随失配误差一起被消除。

5.3.3　模拟前端(AFE)

在 CMOS 图像传感器中,模拟信号的处理可分为列并行和串行两部分,通常噪声抑制位于列并行电路中,模拟可编程增益放大器(PGA)和模数转换器(ADC)位于噪声抑制电路之后。PGA 增益的设定决定了相机的 ISO 速度和 ADC 的有效输入范围。常见的芯尺级 ADC 模拟前端电路如图 5.12 所示,其中包含了 PGA 和

ADC,该电路与CCD传感器中的模拟前端信号处理部分很相似。每一行噪声抑制后的信号存储在SH存储器阵列中,在列地址信号的控制下逐个传输到PGA和ADC。多级可编程增益和流水线ADC的组合是最常见的模拟前端处理方式。

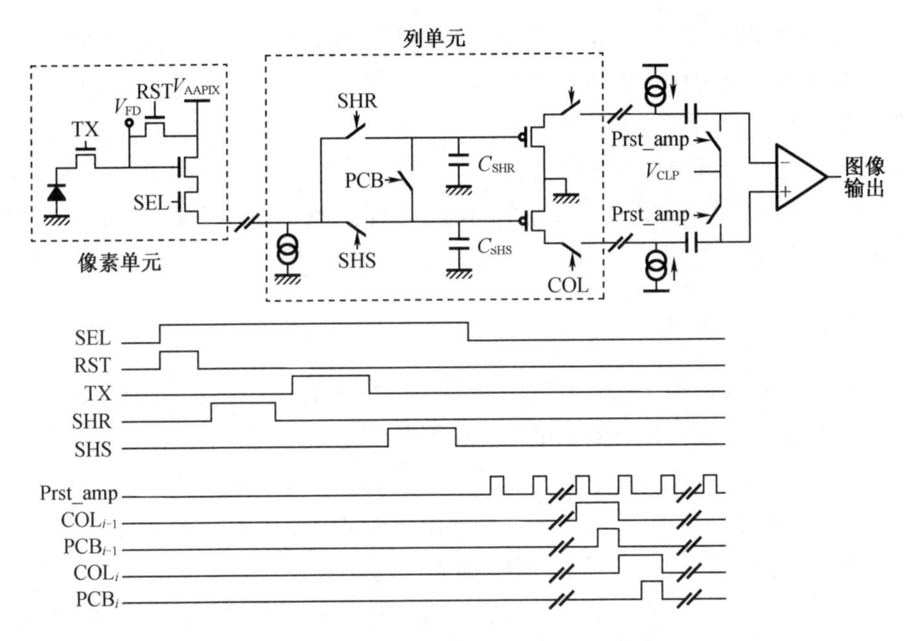

图5.11 用于噪声消除的DDS电路

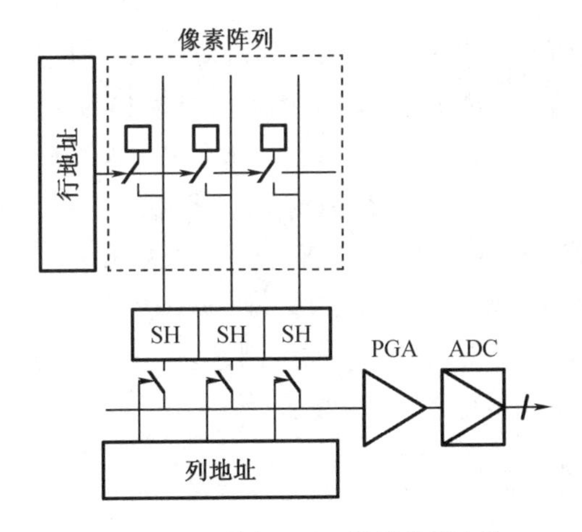

图5.12 芯片级ADC模拟前端电路

5.4 CMOS 图像传感器中三种 ADC 集成方式的对比

CMOS 图像传感器具有高度的集成性,可以将像素阵列和时序控制电路、ADC、信号处理电路等摄像系统所需的各个功能模块都集成到同一芯片中。为进行后续的数字信号处理,像素输出的模拟信号必须转化为数字输出,CCD 图像传感器需要外加 ADC,而 CMOS 图像传感器可以将 ADC 集成在芯片内部。根据 ADC 在图像传感器芯片上集成层次的不同,可以分为芯片级 ADC、列并行 ADC 和像素级 ADC 三种集成方式。

5.4.1 芯片级 ADC

芯片级 ADC 就是整个芯片通过一个 ADC 完成所有像素输出的模数转换。芯片级 ADC 的 CMOS 图像传感器系统结构如图 5.12 所示。芯片级 ADC 概念简单,不占用像素中的面积,设计时面积方面的限制因素小。这种传感器只有一个 ADC,所以它的工作速度相当高,一般与图像传感器中像素的数量成正比,对于视频而言其典型的值为每秒上千万次抽样。ADC 高速度的要求给芯片设计带来了困难,导致芯片设计的复杂性,带来功耗大等问题。流水线 ADC 是最常用的芯片级 ADC。

5.4.2 列并行 ADC

列并行 ADC 是在图像传感器的每一列对应一个 ADC,也可以几列共用一个 ADC。列并行 ADC 的图像传感器结构示意图如图 5.13 所示。这种图像传感器采用逐行读出方式,同一行的信号同时处理,存储在采样保持电容,经过 ADC 数字化处理后存储在寄存器中,最后经过多路选择器串行输出。由于每列 ADC 是并行工作的,每个 ADC 所需处理像素的数目相对于芯片级集成 ADC 来说大为减少,缓解了对 ADC 高速度方面的要求,用低速或中速的 ADC 就可以实现。尽管列并行 ADC 在列的宽度方向上存在一定程度的限制,但是在垂直方向上没有限制,因此列并行 ADC 的设计还是相对比较灵活的。

5.4.3 像素级 ADC

像素级 ADC 是指图像传感器像素阵列中的每个像素或每几个像素共用一个模数转换器,从而在一个图像传感器中集成了一个模数转换器的二维阵列,图5.14

为像素级 ADC 处理系统结构示意图。像素级 ADC 处理系统有很多重要的优点，包括并行处理、高信噪比、低功耗。这种结构对处理系统的速度要求很低，并且在传感器核与外围电路间的所有交换都是数字的。另外，像素级 ADC 处理系统还可以通过积分过程中的处理来调整图像抓取和图像处理模式，以适应不同的环境。像素级 ADC 处理系统也存在很多缺点，如填充因子低、版图复杂、对 CMOS 图像传感器处理系统中的晶体管数和尺寸都有严格限制等，这些缺点成为阻碍像素级 ADC 处理系统广泛使用的限制条件。

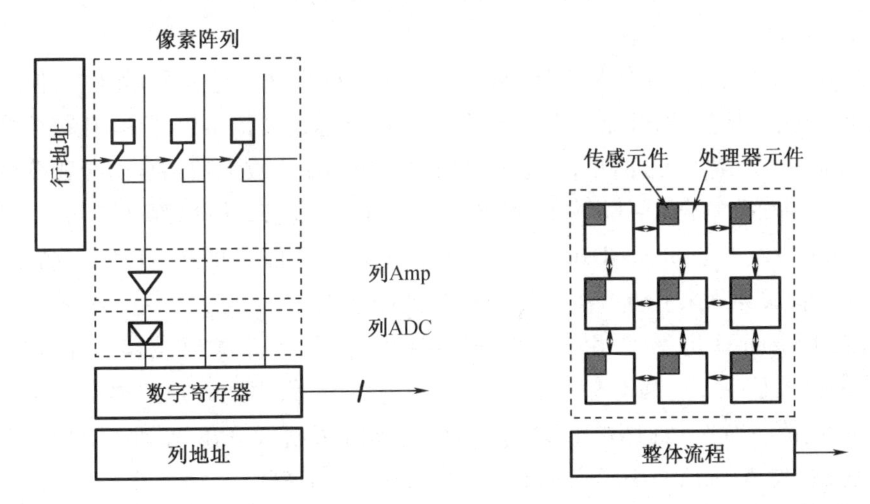

图 5.13　列并行 ADC 的图像传感器结构示意图

图 5.14　像素级 ADC 处理系统结构示意图

5.5　列并行 Sigma-Delta ADC CMOS 图像传感器系统结构

芯片级 ADC 是目前广泛采用的 CMOS 图像传感器结构，但芯片级 ADC 处理系统不适合于大像素阵列的高速系统，而像素级 ADC 的处理系统要达到高速则需要牺牲功耗和面积，且成像质量较差。采用列并行 ADC 处理系统来实现高速系统，相比于传统的高速 CMOS 图像传感器在成像质量、设计难度、功耗和扩展性方面都具有很大优势。

目前，广泛采用的列并行 ADC 主要包括单斜 ADC（Single-slope ADC）、逐次逼近(Successive-approximation Resister, SAR) ADC 和循环(cyclic) ADC。由于单斜 ADC 可以只采用一个比较器,保证了比较失调的一致性,且具有结构简单、易于操作、面积小、功耗低等优点,所以在 CMOS 图像传感器中得到了广泛的应用。然而,单斜 ADC 为了获取 N - bit 的转换精度,需要 2^N 个转换周期,大大限制了 ADC 的转换速率。尽管可以采用多斜坡单斜(Multiple Ramp Single-slope, MRSS) ADC 来解决上述问题,但该结构电路噪声较高。SAR ADC 在列级需要高精度的 DAC,这会占用很大的芯片面积。Cyclic ADC 被用在高速图像传感器中,尽管所需要的芯片面积小于 SAR ADC,但在列级需要高精度的放大器,导致其功耗高于单斜 ADC 和 SAR ADC。

近几年,列并行 Sigma-Delta ADC 被引入到 CMOS 图像传感器的设计中,但由于该 ADC 电路结构复杂,开始仅限于大像素尺寸、低速的图像传感器中,且其性能也低于其他 ADC 结构。近两年,三星公司采用反相器作为放大器结合两级积分结构和采用一级积分结合 2 - bit 量化,大大提高了电路的处理速度,降低了功耗,且获得了良好的性能,使 Sigma-Delta ADC 结构的 CMOS 图像传感器实现了产品化,也使得该结构成为未来 CMOS 图像传感器发展的趋势。

传统的 Sigma-Delta ADC 用来处理动态连续的信号,如音频、通信信号等,它要求 ADC 的输入是一个连续动态的波形,不含有直流分量,因此处理此类信号时不关注 ADC 的静态特性,如 INL 和 DNL,而只重视频谱特性及 SNR 等动态指标。需要指出的是,与 Nyquist ADC 不同,传统的 Sigma-Delta ADC 不是一个 sample-by-sample 的转换,它需要持续工作,并且输入输出不具有一一对应的关系。但在 CMOS 图像传感器中像素输出的是单一直流量,Sigma-Delta ADC 不能满足应用要求。而结合了双斜 ADC 和 Sigma-Delta ADC 的 incremental Sigma-Delta ADC 可以精确测量直流信号。

对于列并行 Sigma-Delta ADC,可以不采用传统的 CDS 形式,而将 Reset 和 Signal 信号分别转换为数字量,在数字域完成相减,达到相关双采样的目的,该方式称为数字相关双采样。另外,由于 Sigma-Delta ADC 的有效输入范围正比于反馈电压,因此可以通过控制反馈电压调整 ADC 的输入信号范围,也不需要模拟可编程增益放大器(PGA)。这样所构成的列并行 Sigma-Delta ADC CMOS 图像传感器结构如图 5.15 所示,单列结构如图 5.16 所示,芯片整体工作时序如图 5.17 所示。

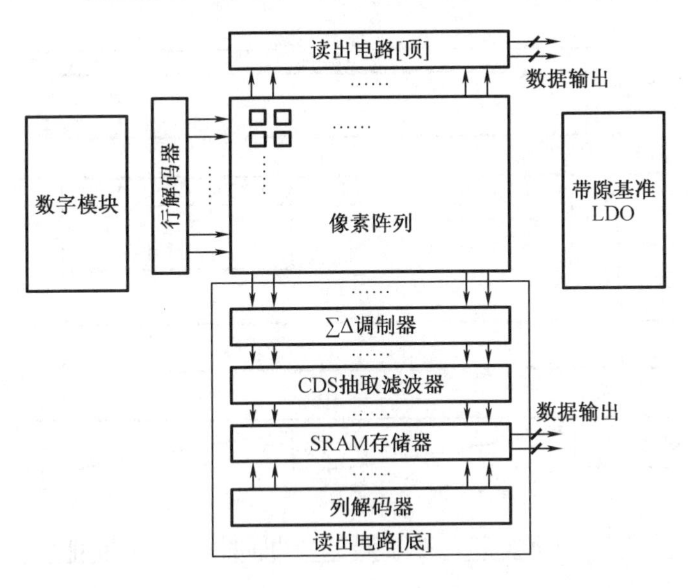

图 5.15 列并行 Sigma-Delta ADC CMOS 图像传感器结构

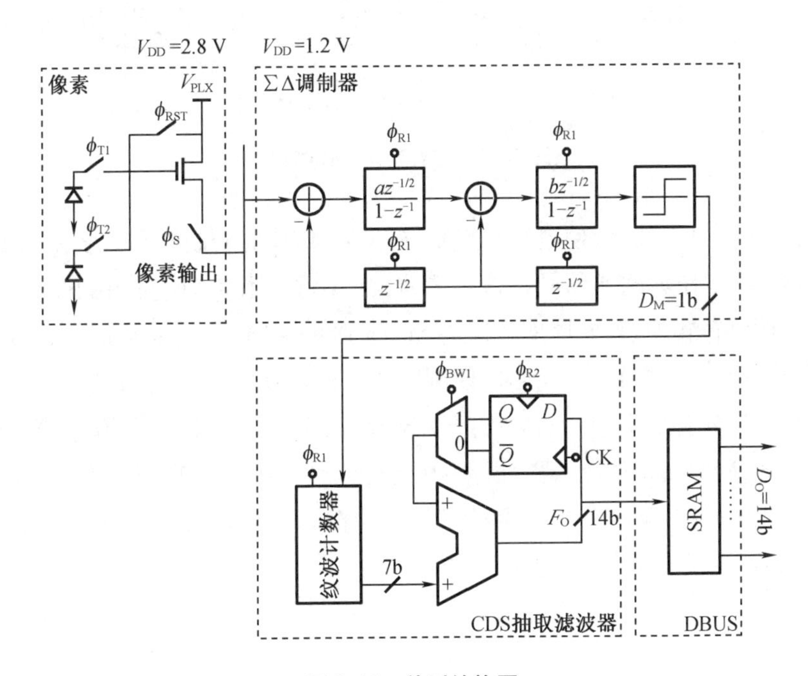

图 5.16 单列结构图

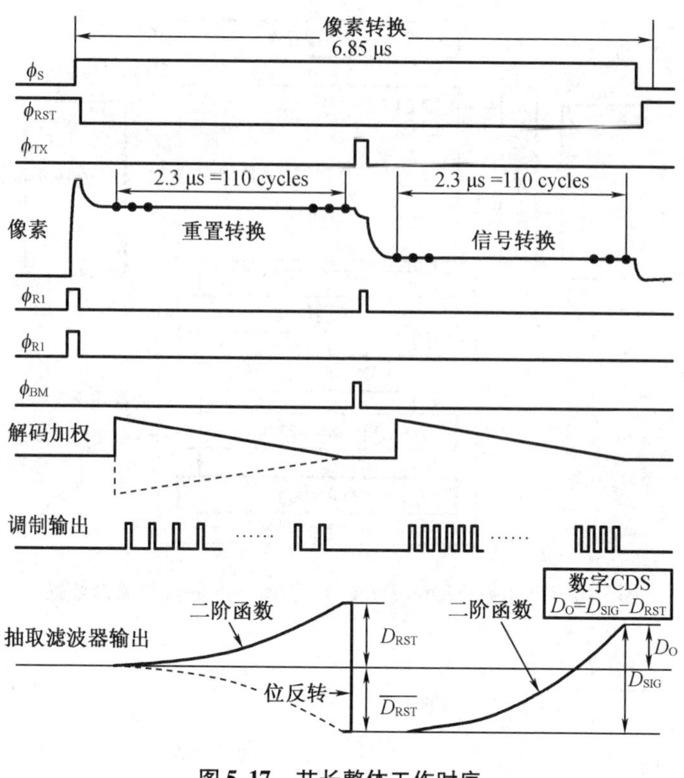

图 5.17　芯长整体工作时序

首先,置位开关闭合,使电容节点复位,随后 ADC 的调制器和数字滤波器也同时复位清零,φ_S 作为选通信号将该行选通,在 ADC 工作时钟的控制下,ADC 开始对置位电压进行转换,转换周期数即为 Sigma-Delta ADC 的过采样倍数,经过一段时间完成转换,之后翻转信号到来,使刚刚完成的转换结果转化为其反码,并将结果存储在 SRAM 存储器中。然后,打开 TX 管,积分的电荷转移到 FD 节点,使该节点电压下降,同时模拟调制器再进行一次置位,随后 ADC 工作时钟再次到来,完成对信号电压的转换,转换完成后该结果与存储在 SRAM 中的 RESET 结果相减,完成 CDS 并在列译码信号的控制下逐列输出。

5.6　本章小结

本章介绍了 CMOS 图像传感器的基本结构、常用的有源像素单元结构、固定模式噪声消除方法,以及 ADC 在芯片中的三种集成方法。在分析各种结构优缺点的基础上详细介绍了列并行 Sigma-Delta ADC CMOS 图像传感器。

第6章　列并行 Sigma-Delta ADC CMOS 图像传感器设计分析

ADC 是 CMOS 图像传感器中最重要的单元之一，尤其是在列并行 ADC 结构中，由于每一列像素对应一个 ADC，因此 ADC 的面积和功耗是重要的考虑因素。

由于 Sigma-Delta ADC 在精度、功耗和对模拟适配不敏感方面的优势，成为高精度 ADC 普遍采用的结构。本章将在介绍 Sigma-Delta ADC 工作原理的基础上，引入处理直流信号的 Incremental Sigma-Delta ADC，详细介绍基于反相器的低功耗 Incremental Sigma-Delta ADC 的考虑因素。

6.1　Incremental Sigma-Delta ADC

传统的 Sigma-Delta ADC 常用来处理动态连续的信号，如音频、通信信号等，它要求 ADC 的输入是一个连续动态的波形，不含有直流分量，因此处理此类信号时不关注 ADC 的静态特性，如积分非线性（INL）和差分非线性（DNL），而只重视频谱特性及 SNR 等动态指标。需要指出的是，与 Nyquist ADC 不同，传统的 Sigma-Delta ADC 不是一个点对点的转换，它需要持续工作，并且输入和输出不具有一一对应的关系。

在一些仪表和测量应用领域，如传感器输出信号的测量，ADC 输入通常为直流信号，不仅需要绝对的高精度，不能容忍失调和增益误差，要求很高的 DNL 和 INL，而且具有点对点的转换要求。传统的 Sigma-Delta ADC 不能满足应用要求。

在各种 Nyquist ADC 中，双斜 ADC 和电压 - 频率转换器最常被用来测量直流电压值。随着 CMOS 的不断发展，结合了双斜 ADC 与传统 Sigma-Delta ADC 的 Incremental Sigma-Delta ADC 发展成一种新型的用于直流测量的模数转换器。

6.1.1　一阶 Incremental Sigma-Delta ADC

图 6.1 是一个一阶 Incremental Sigma-Delta ADC。该 ADC 由积分器、量化器和计数器组成。其结构非常类似于双斜 ADC，主要的区别在于双斜 AD 中输入信号和参考信号分别积分，而在该 ADC 中二者交替进行积分。对于一阶的 Sigma-Delta ADC，n - bit 的精度需要 $n = 2^{n\text{-bit}}$ 周期的积分。每次转换开始时，积分器环路和计数

器都需要复位。当积分器输出大于0，比较器输出为1时，反馈 $-V_{ref}$ 到积分器输入，反之反馈 $+V_{ref}$ 到积分器输入，简单来说就是个负反馈的过程。经过 n 次积分后，积分器输出有

$$V = nV_{in} - NV_{ref} \tag{6.1}$$

式中，N 是输出为1的个数，用一个简单的数字计数器即可得到；V_{in} 为积分器的输入；V_{ref} 为满幅；而 V 必须满足 $-V_{ref} < V < V_{ref}$，于是可以得出

$$N = n\left(\frac{V_{in}}{V_{ref}}\right) + \varepsilon \tag{6.2}$$

式中，$\frac{V_{in}}{V_{ref}} = \varepsilon \in [-1,1]$。积分器的输出表示为

$$V = -2e_q V_{ref} \tag{6.3}$$

式中，$-\frac{\varepsilon}{2} = e_q \in [-0.5,0.5]$ 可以看成量化误差。

从上述公式可以看出，一阶 Incremental Sigma-Delta ADC 与 Nyquist ADC 具有相似的量化噪声表现，同时 N 和 n 的关系正好也可近似看成 Nyquist ADC 的转换体现。值得一提的是，N 显然不能等于 n，也就是说输入 V_{in} 不可能太大，否则会引入很大的误差，这也是所有 Sigma-Delta ADC 的特点。输入信号接近于满幅 V_{ref} 时，SNR 开始下降，也就是说 ADC 的有效输入范围是小于 V_{ref} 的，且随着调制器阶数增加，这个有效范围会更小，这个问题在传统的 Sigma-Delta ADC 中有着更为复杂的分析和解释。

由简单的一阶 Incremental Sigma-Delta ADC 可以看出，Incremental Sigma-Delta ADC 与传统的 Sigma-Delta ADC 具有一些不同之处：工作不是持续的；在每一转换开始模拟调制器和数字滤波器均需要复位；数字抽取滤波器具有更为简单的实现。

6.1.2 二阶 Incremental Sigma-Delta ADC

一阶 Incremental Sigma-Delta ADC 简单、易实现，其最大的问题在于每一次转换需要 $2^{n\text{-bit}}$ 个周期，速度非常慢，难以达到较高的精度，大多应用需要选取更高阶的结构。二阶结构在复杂性和性能方面都是一个比较常用的选择，也是此次设计应用的选择。其与传统 Sigma-Delta ADC 的区别主要体现在数字抽取滤波器上。二阶 Incremental Sigma-Delta ADC 如图 6.2 所示。

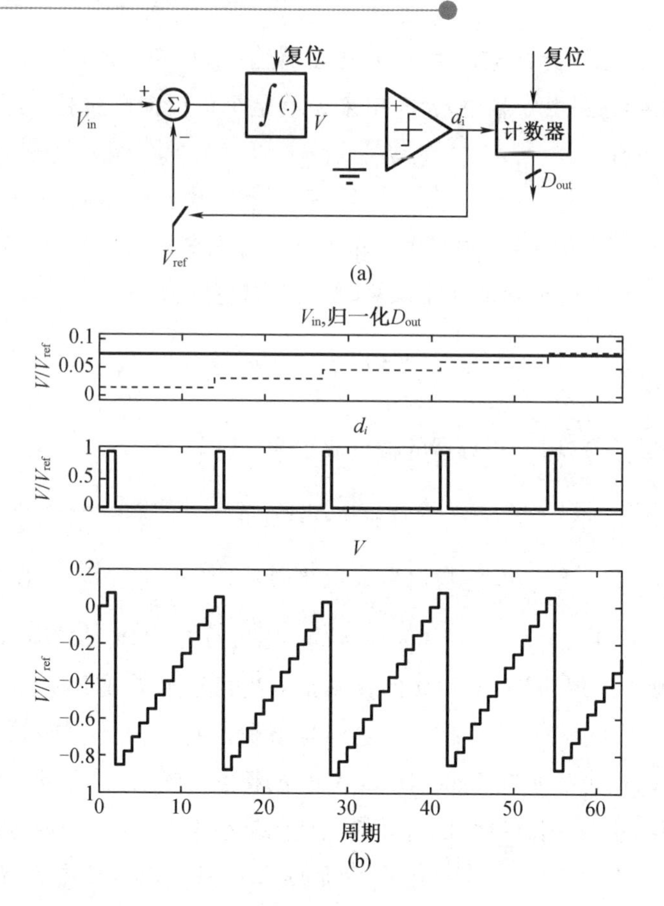

图 6.1　一阶 Incremental Sigma-Delta ADC

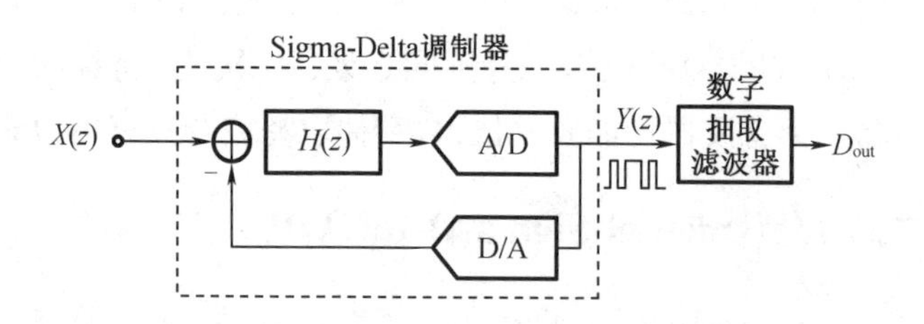

图 6.2　二阶 Incremental Sigma-Delta ADC

调制器的传输函数可表示为

$$Y(z) = \frac{H(z)}{1+H(z)}X(z) + \frac{1}{1+H(z)}E(z) = STF(z)X(z) + NTF(z)E(z) \qquad (6.4)$$

对于最简单的二阶调制器

$$Y(z)=z^{-1}X(z)+(1-z^{-1})^2E(z) \tag{6.5}$$

图6.3为二阶抽取滤波器,由两个数字积分器构成,第一级是一个纹波计数器,第二级是一个累加器,其传输方程为

$$D_{out}(z)=\frac{Y(z)}{(1-z^{-1})^2}=\frac{z^{-1}}{(1-z^{-1})^2}X(z)+E(z) \tag{6.6}$$

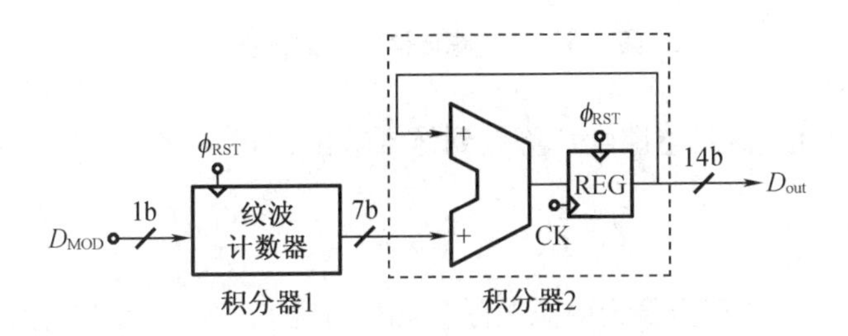

图6.3 二阶抽取滤波器

通过时域的变换有

$$D_{out}(n)=\sum_{k_2=1}^{n}\sum_{k_1=1}^{k_2}X(k_1)+E(n)=\frac{(n+1)n}{2}X+E(n) \tag{6.7}$$

其中输入X为直流信号。如果量化噪声是有限的,则有

$$E(n)=\left|D_{out}(n)-\frac{(n+1)n}{2}X\right|<1 \tag{6.8}$$

$$\left|X-\frac{1}{(n+1)n/2}D_{out}(n)\right|<\frac{1}{(n+1)n/2} \tag{6.9}$$

量化噪声要小于$\mathrm{LSB}=X_{max}/2^N$,因此可以近似推出对于N-bit精度,每一次转换所需时钟周期个数为M,此M即为过采样率。则有

$$\frac{1}{(M+1)M/2}<\frac{X}{2^N} \tag{6.10}$$

$$N<\log_2 M(M+1)-1[\mathrm{bit}] \tag{6.11}$$

由式(6.11)可以计算,对于12 bit的分辨率,最少需要95个时钟周期,也就是说过采样倍数最小为95,而由于其他一些因素的影响,通常选取的过采样率会略大于95。

对于上述两级积分器组成的数字抽取滤波器,完成两次加法,第一位显然叠加了M次,而最后一位只加了一次,这就是所谓滤波器每个码值的系数权重,如图6.4所示,这个系数权重与噪声的计算是息息相关的。

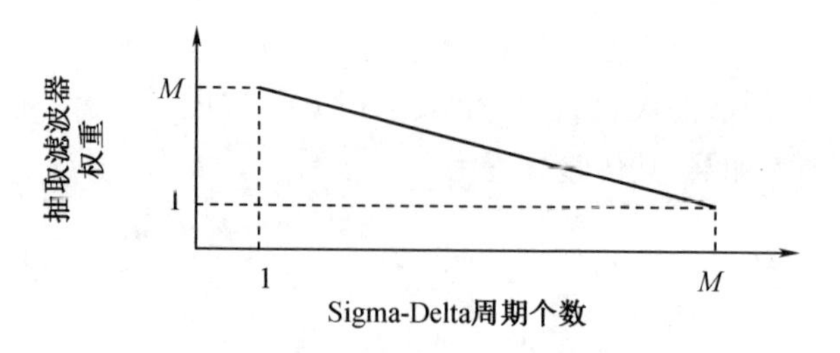

图 6.4　二阶滤波器的系数权重

对于 CMOS 传感器，电路噪声等效到像素输出，即

$$\overline{v_n^2} = \sum_{i=1}^{M} w_i^2 (\overline{v_{n\_SF}^2} + \overline{v_{n\_ADC}^2}) = \overline{v_s^2} \sum_{i=1}^{M} w_i^2 \tag{6.12}$$

式中，$\overline{v_{n\_SF}^2}$ 和 $\overline{v_{n\_ADC}^2}$ 分别为像素中源跟随管和 ADC 的噪声，w_i 是滤波器第 i 个周期对应的相对系数权重，即

$$w_i = \frac{M+1-i}{M(M+1)/2} \tag{6.13}$$

所以一次转换的等效噪声为

$$\overline{v_n^2} = \overline{v_s^2} \sum_{i=1}^{M} w_i^2 < \overline{v_s^2} \frac{4}{3M} \tag{6.14}$$

6.2　基于反相器的二阶 Incremental Sigma-Delta ADC

6.2.1　二阶 Incremental Sigma-Delta ADC 系统

系统设计主要为了快速确定系统结构及相关参数指标，如调制器结构、OSR、采样电容等。利用 MATLAB 对各个参数进行大量的行为级仿真验证，符合设计要求。图 6.5 是二阶 Incremental Sigma-Delta ADC 的行为级模型，可以通过行为级仿真验证各个参数对系统性能的影响。当然各个参数都有一些理论的推导计算方法，相对较为复杂。

调制器主要的性能指标就是 SNR，通过输入一个正弦信号，对输出码值做频谱分析，就可以得到图 6.6 所示的输出频谱，从而计算出 SNR。通过改变输入正弦信号的大小，可以发现当输入信号大于 −4 dB 时，调制器的 SNR 开始下降，通过这种方法可以粗略地确定二阶 Incremental Sigma-Delta ADC 的有效输入范围。

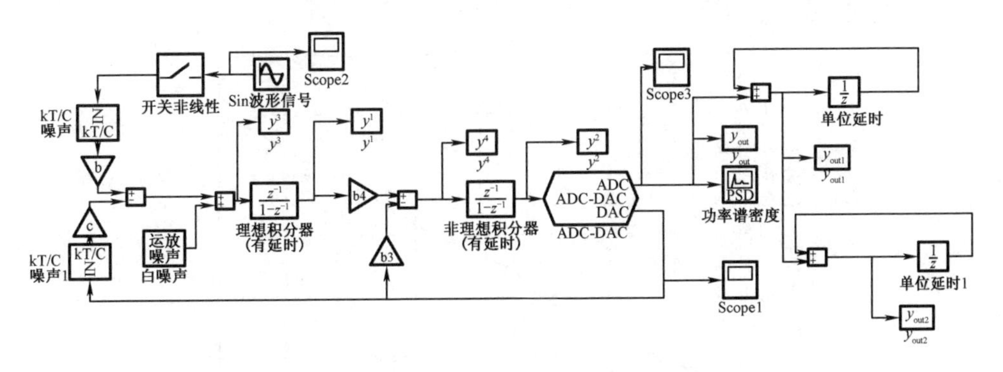

图 6.5 二阶 Incremental Sigma-Delta ADC 的行为级模型

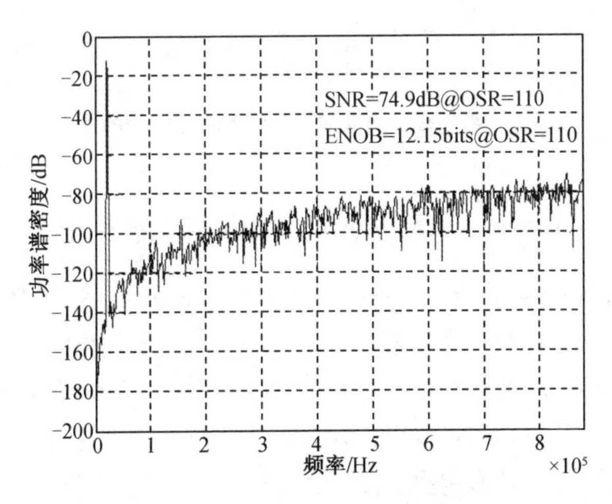

图 6.6 二阶调制器的输出频谱

调制器行为级仿真需要关注的另外一个重点就是积分器的输出范围,积分器用电路实现时输出范围是有限的并且是较小的(例如对于传统运放要保证输出管工作在饱和区,电源电压是有限的),如果积分器输出超过了一定范围,显然不能完成正常的积分功能,那么系统的性能就会恶化。通常用大量的仿真来统计积分器的输出随输入信号变化的范围,使其保证在一个合理区间内。因为 Col - ADC 可用于直流信号测量,因此我们仿真了不同直流信号输入时第一级积分器输出范围,如图 6.7 所示。第二级积分器输出直接接动态比较器,因此积分器的输出过大也不会影响比较器的判断,因此不做考虑。

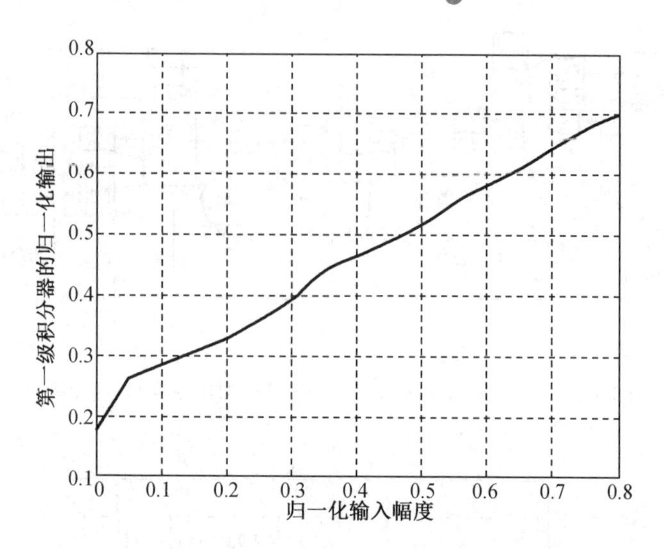

图 6.7　第一级积分器输出与输入直流信号的关系

6.2.2　二阶 Incremental Sigma-Delta 模拟调制器

二阶 Incremental Sigma-Delta 调制器电路如图 6.8 所示,其采用延迟积分的两级级联结构,由两个积分器和一个动态比较器构成,采用反相器作为积分器的运放。之所以用反相器代替传统的运放,是因为 12 bit Sigma-Delta ADC 对运放增益、积分建立精度要求都不高,采用反相器可以极大地节省功耗,减小面积。需要注意的是,反相器的失调电压很大,受工艺影响明显,因此增加了一个采失调的电容 C_C,用来减小失调的影响。V_{pixel}是像素的输出电压,V_{bias}和 C_{S2}的作用是对像素的输出进行电平移位,使其满足 Sigma-Delta ADC 的输入范围要求。C_C 为采样失调电容,用来减小放大器的失调电压。电路中除了采样开关为 CMOS 开关外,其他都为单管 MOS 开关,通过带延迟的两相不交叠时钟进行控制。下面将详细介绍各个部分的设计考虑。

1. 反相器的设计

运算放大器是构成开关电容积分器的基本单元,其增益和速度直接影响积分器的建立精度和速度,为了获取较好的性能,运放放大器通常采用两级或折叠结构,采用比较多的 MOS 管,并消耗较大的功耗。但对于 CMOS 图像传感器中的列并行 ADC,其面积和功耗是考虑的重中之重,对于 640 × 480 的像素阵列,需要 640 个 ADC,若单个放大器的面积和功耗较大,对于整个芯片来说是无法承受的。反相器既作为一种数字的逻辑单元,也作为一种模拟放大器,有着极为广泛的应用,其结构简单,仅由两个 MOS 管构成,采用合理的电源电压,设计合理的管子尺寸,作为放大器同样可以获得较好的性能。

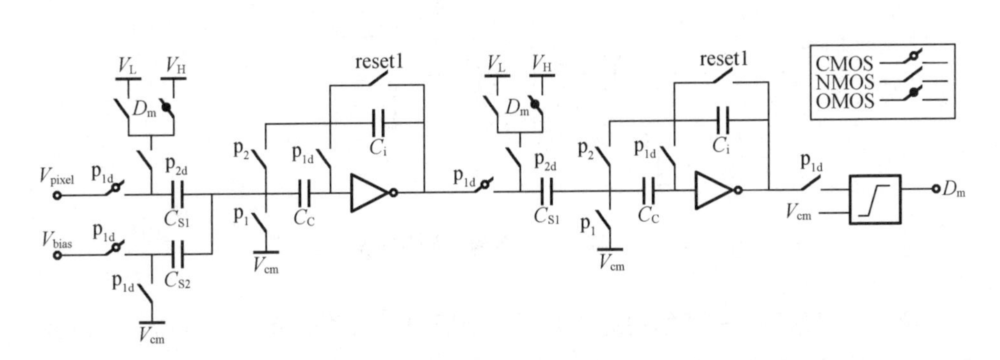

图 6.8 二阶 Incremental Sigma-Delta 调制器电路图

采用反相器作为开关电容积分器中的放大器,首先要解决的问题是虚地点的建立问题,由于反相器只有一个输入端,不能够提供虚地点。在闭环工作时,反相器的输入可表示为

$$V_X = \frac{A}{1+A}V_{OFF} - \frac{V_{CI}}{1+A} \approx V_{OFF} \tag{6.15}$$

式中,A 表示反相器的直流增益,V_{CI}表示积分电容 C_I 两端的电压,因此,反相器的输入近似为反相器的失调电压。反馈相时转移的电荷为 $C_S(V_I - V_{OFF})$。失调电压对器件尺寸、阈值电压、电源电压和工艺都很敏感,会使积分建立产生误差。为解决以上积分器的问题,可以对传统积分器引入相关双采样建立虚地点,消除失调。

图 6.9 为基于反相器的开关电容积分器。在 ϕ_1 相,输入信号被采样到采样电容 C_S 上,反相器的输入和输出端短接,构成一个单位增益缓冲形式,失调电压 V_{OFF} 被采样到电容 C_C 上。在 ϕ_2 相开始阶段,C_S 的一端接地,因此,V_G 节点变为 V_I,V_X 节点变为 $V_{OFF} - V_I$。当闭环形成时,由于负反馈通过电容 C_I,V_X 节点为 V_{OFF},且由于 C_C 保持 V_{OFF},因此迫使 V_G 成为信号地,这样 V_G 可以看作是虚地点,电容 C_S 上的电荷转移到 C_I 中。采样相和反馈相 C_C 都保持了反相器失调电压,因此失调电压被消除。输入和输出的关系为

$$C_S V_I(n+1/2) + C_I V_O(n) = C_I V_O(n+1) \tag{6.16}$$

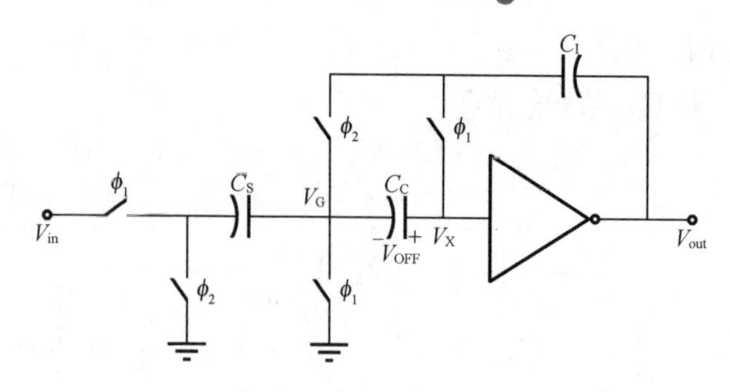

图 6.9　基于反相器的开关电容积分器

第二个问题是反相器结构的选取。反相器包括简单的反相器和 Cascode 反相器两种结构,这两种结构有各自的优缺点。图 6.10 为两种反相器构成的放大器及寄生电容,寄生电容 C_{p1} 和 C_{p2} 对放大器增益的影响可表示为

$$A_C = \frac{V_O}{V_I} = \frac{1}{1 + \frac{C_1 + C_{p1}}{C_2(1 + A_0)}} \frac{C_1}{C_2} \tag{6.17}$$

式中, $A_{CwithCp2}$ 为 C_{p2} 的放大传数, A_{Cideal} 为理想的极大倍数。

$$\frac{A_{CwithCp2}}{A_{Cideal}} = \frac{C_{p2}}{C_2 + C_{p2}} \tag{6.18}$$

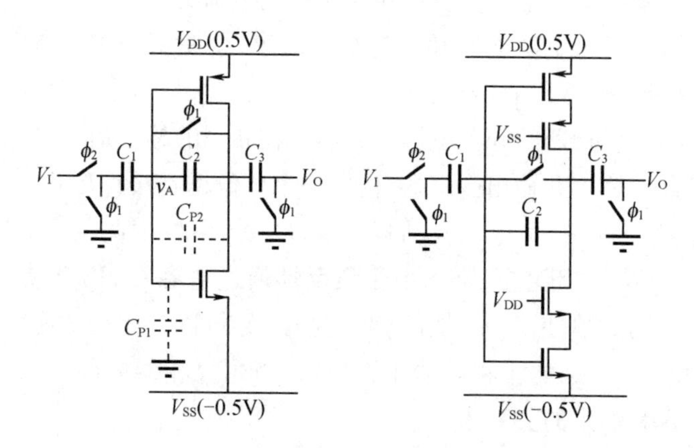

图 6.10　两种反相器构成的放大器及寄生电容

由于在本设计中为了减小 ADC 的面积,采样和积分电容都比较小(为 fF 级,与寄生电容在同样量级),因此寄生电容对建立精度影响很大。由图 6.10 所知,显

然 Cascode 反相器输入输出间寄生电容被 Cascode 管隔离,并且 Cascode 结构具有更大的增益,具有更好的建立精度。输入 100 mV,分别对普通结构和 Cascode 结构的积分器建立结果,采用 Cascode 结构,输入输出间寄生电容被 Cascode 管隔离,建立能达到99.85 mV,而普通结构的反相器建立仅仅为95.88 mV。Cascode 结构的缺点是输出摆幅大大减小,低电压设计存在困难。因此简单反相器作为放大器是更好的选择。

电源电压是反相器运放电路中最关键的一个参数,需要进行合理的设计。反相器在不同的 V_{DD} 下的两种工作模式如下:

$V_{thn} + |V_{thp}| < V_{DD}$ class - AB 类放大器

$V_{thn} + |V_{thp}| >= V_{DD}$ class - C 类放大器

反相器的增益和带宽随 V_{DD} 的变化如图6.11 所示,可以看到随着 V_{DD} 的增加带宽越来越高,而增益则越来越小。在大多数论文中采用了 class - C 的工作状态,其优点是稳定状态时,管子都工作在弱反型区,提供较大的 DC 增益,静态电流很小;电荷转移时,一个管子截止、一个管子工作在强反型区,能提供很大的压摆率。但是过低的电源电压也会压缩反相器的输出摆幅,限制 ADC 的有效输入范围;另外一个问题是 class - C 反相器受工艺影响严重,在不同的工艺下增益、带宽、功耗的变化都远远大于 class - AB 反相器。例如 ff 下 class - C 反相器 GBW 是 tt 下的 10 倍,而 tt 下的 GBW 是 ss 下的 10 倍,同样 DC 电流也是 10 倍的关系,而 class - AB 是 3 ~4 倍的关系。因此,如果要满足 ss 的情况,实际上 class - C 在 tt 下的功耗反而会大于 class - AB。基于上述原因,本研究选择工作在 class - AB 状态的反相器作为积分器的运放。

反相器尺寸的确定一方面是根据带宽要求进行扫描,对增益功耗等进行折中考虑,另一方面是由仿真调制器的 SNR 来共同确定。

反相器在应用中还有一个重要的问题是建立精度的损失和非线性,其影响因素主要有工艺、有限增益和非线性、寄生电容及开关的影响。寄生电容的影响前文已经介绍过,开关的影响将在后面介绍。这里主要讨论工艺、有限增益和非线性的影响。

表6.1 为相同宽长比的反相器在不同工艺角下的增益、带宽和直流工作点的仿真结果,由该结果可以看到,在不同工艺条件下这三个指标都有很大的波动,尤其是带宽和直流工作点,这为反相器选择带来了很大的困难。

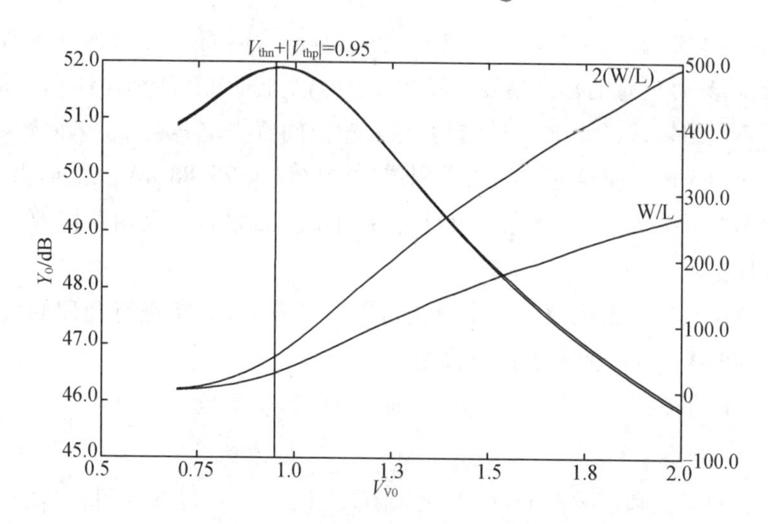

图 6.11　反相器的增益和带宽随 V_{DD} 的变化

表 6.1　不同工艺角的影响

工艺角	直流增益/dB	增益带宽积/MHz	直流工作点
ff_27	63.44	214.3	870.7 mV
fs_27	63.22	109.5	797.7 mV
sf_27	59.65	109.4	1.003 V
ss_27	87.07	36.84	917.3 mV
tt_27	77.18	112.1	900.1 mV
tt_70	55.83	118.5	999.8 mV
tt_minus20	65.04	96.09	1.007 V

对于两相不交叠时钟工作下的反相器，其输入点电压有如下公式

$$\begin{cases} v_{@}\Big|_{\phi_1} = \dfrac{A_0}{1+A_0}v_{\text{off}} \\ v_{@}\Big|_{\phi_2} = \dfrac{1}{1+A_0}v_{C_2} + \dfrac{A_0}{1+A_0}v_{\text{off}} \end{cases} \tag{6.19}$$

可以看出，由于反相器的有限增益，反相器输入端的电压与输出电压也就是 v_{C2} 上电压相关。因此就算采样电容的电荷完全传输到积分电容 C_2 上，由于输入端电压的变化，输出端看到的电压也会有相应的损失。

与增益有关的另一个问题就是增益的非线性，反相器输入的线性增益范围非常小,输入端微小变化就会导致增益 A_0 有较大的变化,这在整个调制器的仿真中都有很明显的体现。

2. 开关的选择

在图6.8的调制器电路中,除了采样开关为CMOS开关外,其他开关都采用了单管开关,根据传输信号水平分别选择P管或者N管,这主要是为了减小面积。为了减小单管开关的导通电阻,提高开关导通的线性度,MOS开关均采用了1.8 V的管子设计,并且开关控制电压为3.3 V,每一个时钟信号通过低压转高压电路转为3.3 V控制电压。

由于采样积分电容都很小,所以开关的时钟馈通、沟道电荷等对积分建立精度影响很大。电路中开关的尺寸都各不相同,是通过大量的对比仿真确定的,目前还没有完善的理论分析能进行论证。最终选定的开关和反相器在tt下有大于95%的建立精度,对ADC的SNR影响几乎可以忽略。

3. 电容的选择

由图6.8可见,单个调制器中有7个电容,为了使单列ADC的面积尽可能地小,电容值优化是关键,既要保证噪声性能不受影响,又要使面积最小。采样电容的算法为:先确定设计目标能容忍的噪声能量,然后把75%分配给采样噪声。假设最大输入信号为1 V、12 bit精度,则有

$$10\log\frac{\left(\frac{1}{2}\right)^2}{P_{\text{noise}}}=74\ \text{dB} \tag{6.20}$$

$$P_{\text{noise}}=1/(4\times10^{7.4}) \tag{6.21}$$

$$\frac{2kT}{110\times C_s}=\frac{1}{4\times10^{7.4}}\times\frac{3}{4} \tag{6.22}$$

因此得出 $C_s\approx40$ fF。为了给设计留有一定的余量,可以选择 C_s 为50 fF,其他电容根据系统设计所选择的系数确定。

4. 电源抑制比(PSRR)

运放的反相器自身没有电源噪声的抑制能力,但在该系统中一般要求应该具有40 dB的PSRR。这个问题可以通过以下两种机制予以解决:采失调 C_c 和调制器的噪声整形。

如图6.12所示,积分器采样和积分两相工作时,相当于对电源噪声进行了CDS处理,相关文献上有20 dB抑制能力的结论,该结论并没有通过仿真验证,因为单纯这样的电路很难获得稳定工作状态。

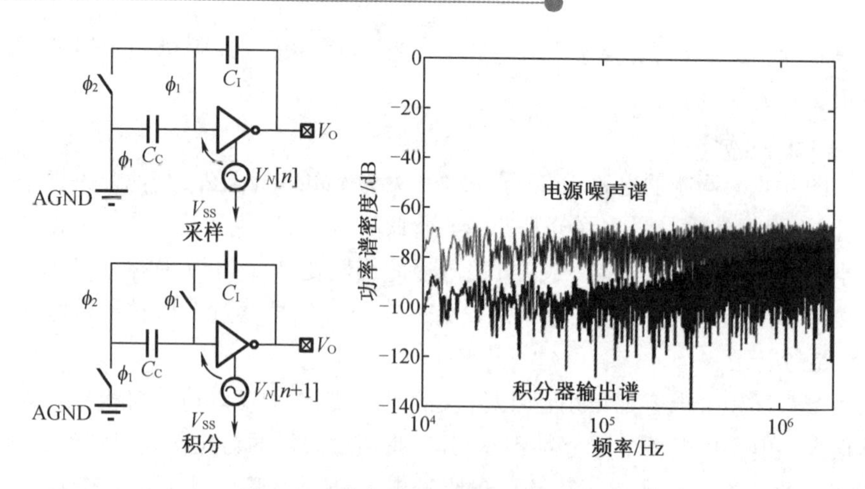

图 6.12　采失调 C_c 对电源噪声的抑制

关于噪声整形,可以从二阶调制器的噪声传输得到相关结论。如图 6.13 所示,因为第一级积分器中的反相器基本没有电源噪声抑制能力,因此可以把第一级的电源噪声等效到第二级积分器的输入,此处的噪声调制器有一阶的整形效果,可以推导其传输函数为

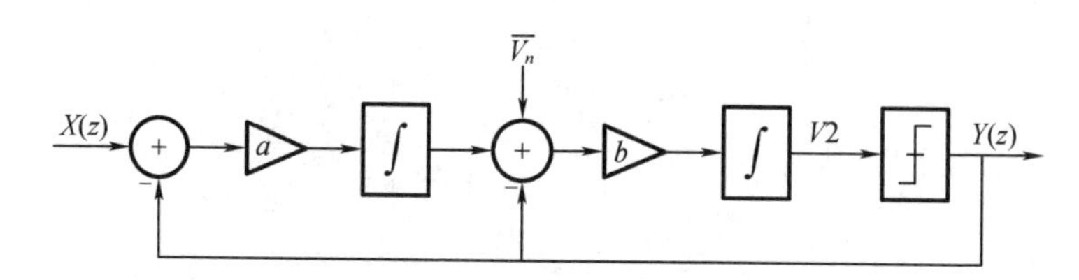

图 6.13　二阶调制器的噪声传输

$$STF_{vn} = \frac{bz^{-1}(1-z^{-1})}{(1-b+ab)z^{-2}+(b-2)z^{-1}+1} \tag{6.23}$$

选择 $a=1/4$,$b=1/2$,其中 a 和 b 分别为第一级和第二级积分器的增益。第一级积分器电源噪声传输特性如图 6.14 所示,计算中主要考虑带内($f_s/2M$)的噪声抑制情况(f_s 为采样频率,M 为过采样比),当 $f_s=50$ MHz,$M=110$ 时,主要关注图中 0.004 5 pi 以下频段,可以发现在低频段具有大于 20 db 的抑制能力。

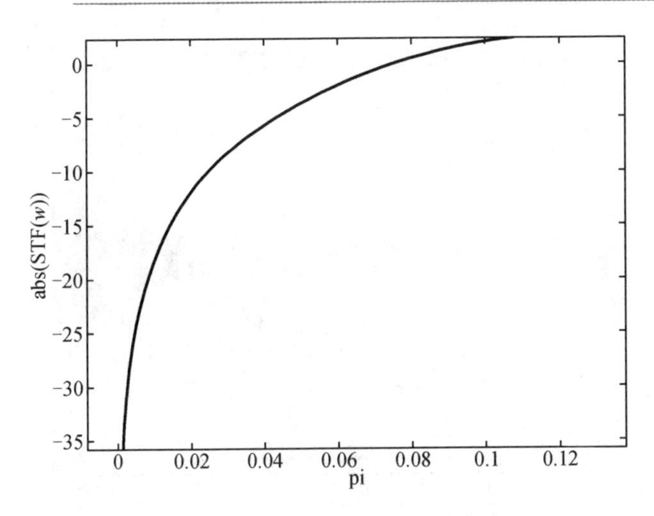

图 6.14 第一级积分器电源噪声传输特性

整体 PSRR 验证采取的办法是在电源上加上随机噪声进行对比仿真，如图 6.15所示。从两个图对比可以看出，图 6.15(a)中，电源的噪声被抑制在量化噪声以下，信号带内调制器的输出由量化噪声决定。图 5.15(b)中，电源噪声通过调制器的整形作用下降了 40 dB，但仍高于量化噪声，所以此时信号带内的噪声由电源噪声决定。

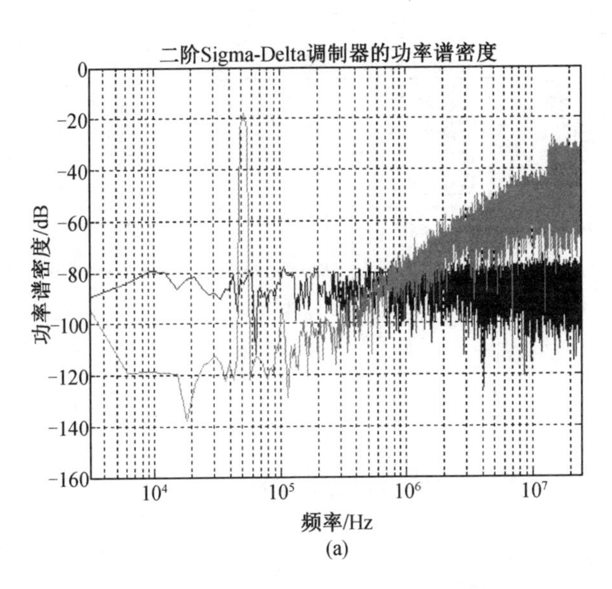

图 6.15 二阶调制器电源噪声抑制能力

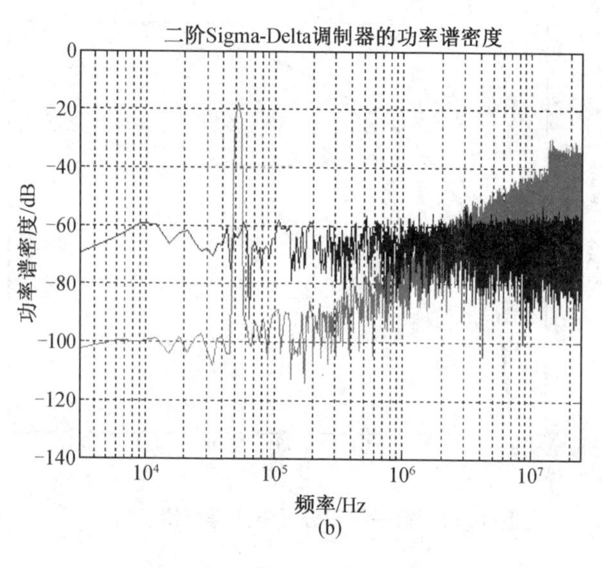

(b)

图 6.15(续)

5. 比较器的设计

采用1 bit量化的Sigma-Delta调制器,对比较器的要求是很宽松的,其非理想因素可以通过噪声整形而被抑制。因此本书中采用了带SR锁存的动态比较器,整个电路是一个纯动态电路,具有非常低的功耗,其电路如图6.16所示。

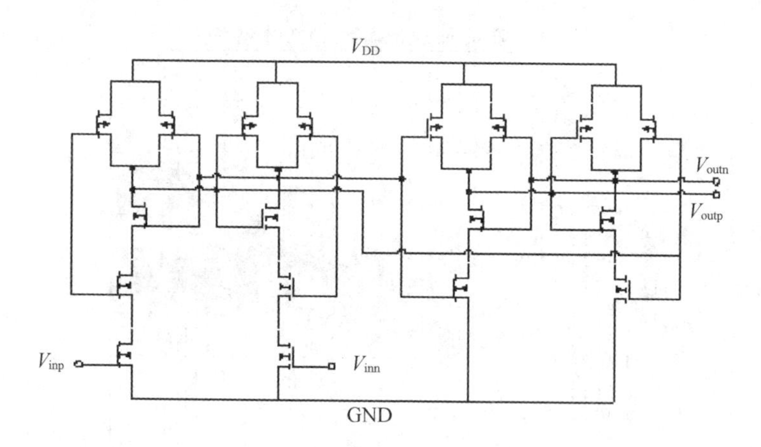

图 6.16　动态比较器电路

6.2.3 数字抽取滤波器

数字抽取滤波器设计考虑的重点是功耗和面积,由于 Incremental Sigma-Delta ADC 每一次转化后的复位功能,使得降采样数字滤波器的设计可以大大简化,不需要梳状滤波器(comb filter)+有限冲击响应滤波器(FIR)+垂直校正(droop correction)滤波器的组合,而只需要对每次转换的高电平进行计数,再进行累加即可完成降采样滤波功能。具体实施如图 6.17 所示,采用纹波计数器+累加器的组合,可以大大降低数字滤波器的复杂度、面积和功耗。

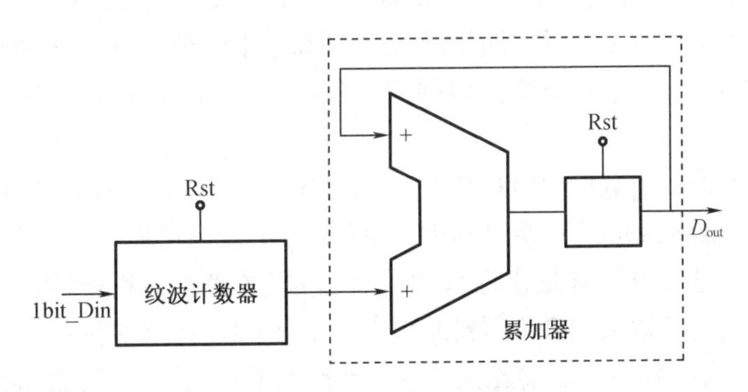

图 6.17 降采样数字滤波器示意图

除此之外,还可以采用以下几种方式尽量降低功耗和面积:

(1)采用最小尺寸的管子;

(2)尽量降低电源电压;

(3)采用最简洁的加法器和 D 触发器,共用反相器,减少管子数。

第一级积分器是一个纹波计数器,由 7 个 D 触发器级联而成,这是目前最简单的带复位的 D 触发器,仅 13 个管子。

第二级积分器是一个累加器,它不仅需要完成累加,而且还要完成数字 CDS 运算,其由加法器和 D 触发器及一个反转选择开关组成。数字 CDS 就是把像素复合和信号的转换码值做减法,首先滤波器处理完复位的数字码值后存储在 D 触发器中,然后把存储的码值取反(只需要用开关选择 D 触发器的反向输出端即可),再加 1 变成补码;当信号的转换开始后,就在这个补码的基础上进行累加,完成减法运算。因此第一级的纹波计数器在每次转换 CDS 过程中需要复位两次,而第二级的 D 触发器只需要复位一次。

累加器需要完成第一级的7 bit数据和第二级本身14 bit数据的加法,因此串行加法器的前7级加法单元为全加器单元,后7级加法单元因为没有前级积分器的输入,所以简化为半加器单元即可,因此减少了管子个数。累加器采用的是传输门逻辑,每个单元需要16个MOS管,改为半加器时只需要把B端相应的管子去掉即可,所以半加器单元又需要9个MOS管。

串行加法器的进位链很长,最坏情况下进位信号要从最低位传送到最高位,因此速度较慢,可以在进位链上添加一些反相器,用来对进位信号进行整形,提高进位传递速度,此外也可以对两级积分器的时钟进行优化,第一级用下降沿触发,第二级用上升沿触发,保证一次加法可以完整地利用整个周期时间。

在滤波器的设计中,要尽可能地降低功耗和减小面积,一方面要考虑速度的问题,另一方面还得关注驱动能力的问题,确保速度满足要求而功耗又不会增加太多。

考虑到滤波器的数据输出和补码生成,时序采用以下两个比较特别的方法。

(1)CDS的两次信号转换过程中,采样时钟个数都增加一个,例如过采样为110倍时,实际上每次采样量化是111次,这是因为在第二级积分器中,每次时钟上升沿都把加法器的累加结果传递到D触发器中,因此111次时钟后D触发器中的结果刚好是前面110次的运算结果,这样后续的SRAM就只需从D触发器中读数即可。如果只有110个时钟,那么SRAM就需要从加法器后读数,显然加法器的数据保持能力和驱动能力都远不如D触发器。

(2)码值反转信号(BWI)位于CDS第二次信号转换开始阶段,如图6.18所示,BWI信号下降沿位于滤波器工作时钟第一个下降沿,这样的好处是可以利用第一个上升沿完成补码的生成并存储。在第一个上升沿到来前,前级的纹波计数器已经复位,而第二级积分器的状态是BWI选择D触发器的反向输出与BWI相加(第一个全加器单元的进位输入端接BWI),即取反加1,得到补码,而在上升沿把加法结果传递到D触发器中存储。当第一个下降沿到来时,第一级的纹波计数器开始计数并输出,BWI信号变低,D触发器的正向输出端接加法器输入。当第二个上升沿到来时,加法器的输出就是复位转换的补码与纹波计数器的第一个输出数据和,开始正常的累加运算。

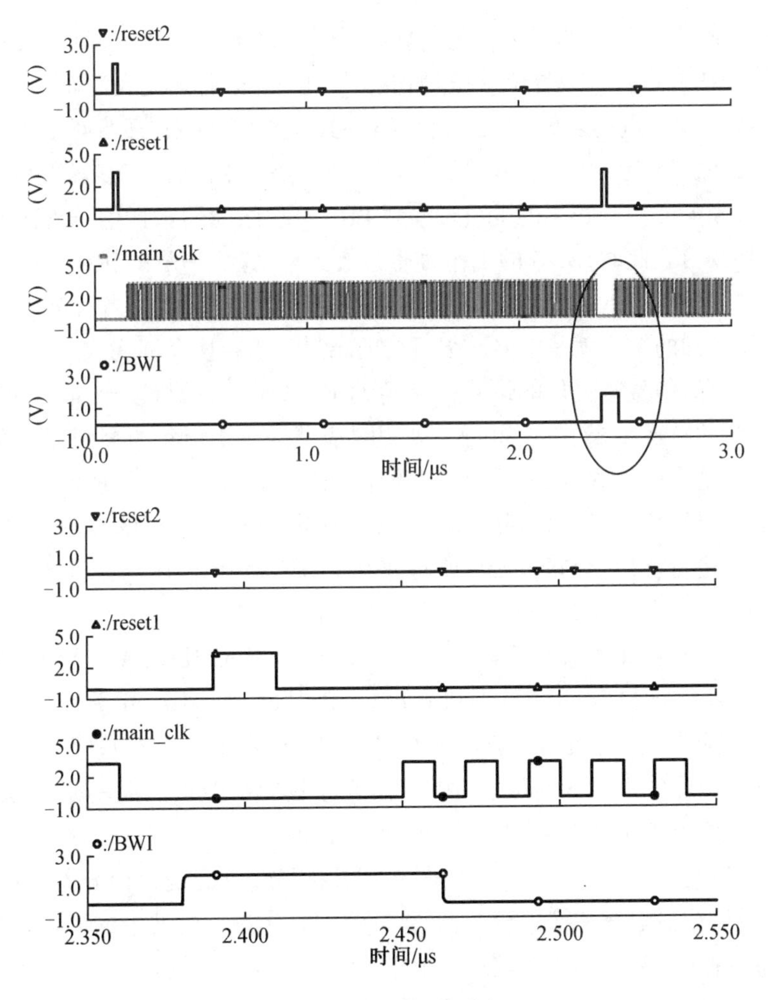

图 6.18 CDS 运算时序

6.3 芯片时序分析

时序是芯片设计中的关键部分,决定着芯片工作的功能及性能。在图像传感器中,时序包括像素单元的控制时序、行列译码地址时序、ADC 工作时序和数据读出控制时序。

芯片工作的整体时序如图 6.19 所示,曝光地址线通过行译码单元,产生曝光控制时序,复位变为高电平,使 FD 节点复位,随后像素开关导通,使光电二极管复位，曝光开始。经过一段时间，读数地址线通过行译码单元产生读数控制时序，使复位为高，FD 节点再次被复位，行选通变为高电平，选通开关和源跟随器都导通，源跟随器将 FD 节点的复位电压读出，ADC 的控制时序到来，开始对复位电压进行数字转换，并在转换结束后，BWI 信号到来，使转换结果翻转。随后像素开关导通，曝光结束，光电二极管积累的电荷转移到 FD 节点，跟随器选择信号再次变为高电平，将信号读出。此时，ADC 的工作时序再次到来，完成信号的转换。在信号转换过程中，每一个周期的转换都是在复位转换翻转结果上累加，当对信号转换完成后，此时所得到的结果就是信号减去复位的结果。当转换全部完成后，行读出信号到来，将完成的信号减复位的结果存储到 SDRAM 中，随后行读出断开，使 SDRAM 保持为该行的转换结果，在这里每一列都对应着一个 14 bit 的存储器。在这里要注意行读出信号的位置，该信号出现在转换完后，但一定要在复位信号 2 之前，否则寄存器输出被置位，读出的数据就会都变为零，然后下一行的控制时序到来，开始对下一行进行转换。同时，列地址通过列译码单元产生列读出控制信号，在下一行的转换时间内，完成 SDRAM 中全部列的数据读出。

图 6.20 为列 ADC 工作所需时钟，Incremental Sigma-Delta ADC 工作共需要 10 个时钟，包括 Reset1、Reset2、BWI、Ph1、Ph1d、Ph2、Ph2d、Com_ctl、Filter_clk1、Main_clk，其中调制器工作的两相不交叠时钟 Ph1、Ph2 由 main_clk 生成，Ph1d、Ph2 是为消除沟道电荷注入而引入的延迟时钟。需要注意的是 Main_clk 不是连续的，它只在 CDS 的前后两个转换期间分别有确定个数的时钟，默认是 110 倍过采样，那么就是 111 个时钟；调制器必须在 p1 相采样，p2 相积分，目的是在积分器复位期间 p1 为高，这样反相器输入和输出相连，形成自建立工作点。滤波器的 clk 由两相不交的时钟 p2 降压得到。动态比较器的工作时钟如图 6.21 所示。

列 ADC 比较特殊的是一次完成一行的像素读出，如果所有 ADC 同时工作，那么会产生很大的电流峰值，而且时钟的驱动很成问题，采用的办法是分组延迟工作，如图 6.22 所示，每 16 列同时工作，在每 16 列之间插入缓冲器。

缓冲器在电路中具有两个作用：(1)完成延迟功能，每 16 列作为一组，可以使列 ADC 工作的时候只有 16 列在同一时间工作，其余各组之间有一定的延迟时间，可以减小尖峰电流。延迟的大小可以根据时钟周期来确定，通常总的延迟为半个时钟周期。(2)完成驱动功能，由于每一个时钟需要驱动 16 列 ADC 工作，每一个时钟信号都有比较大的寄生电容，所以需要缓冲器提供足够的驱动力，保证 ADC 的性能。

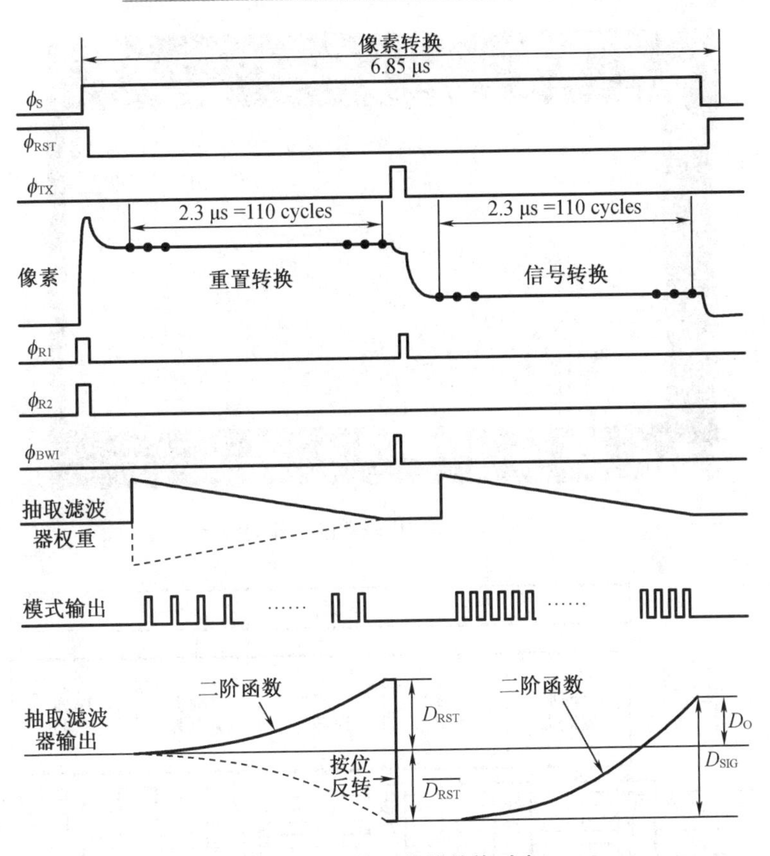

图 6.19　芯片工作的整体时序

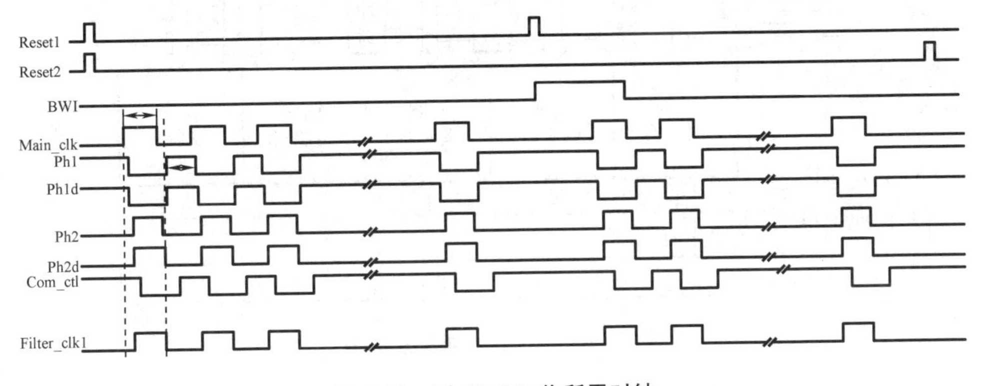

图 6.20　列 ADC 工作所需时钟

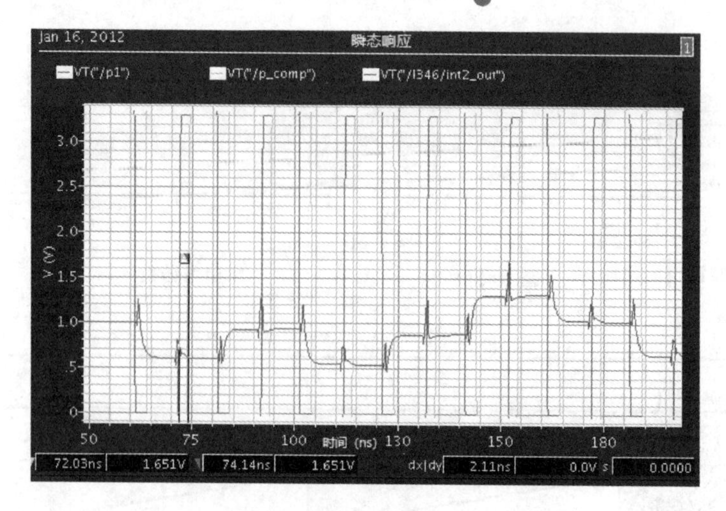

图 6.21　动态比较器的工作时钟

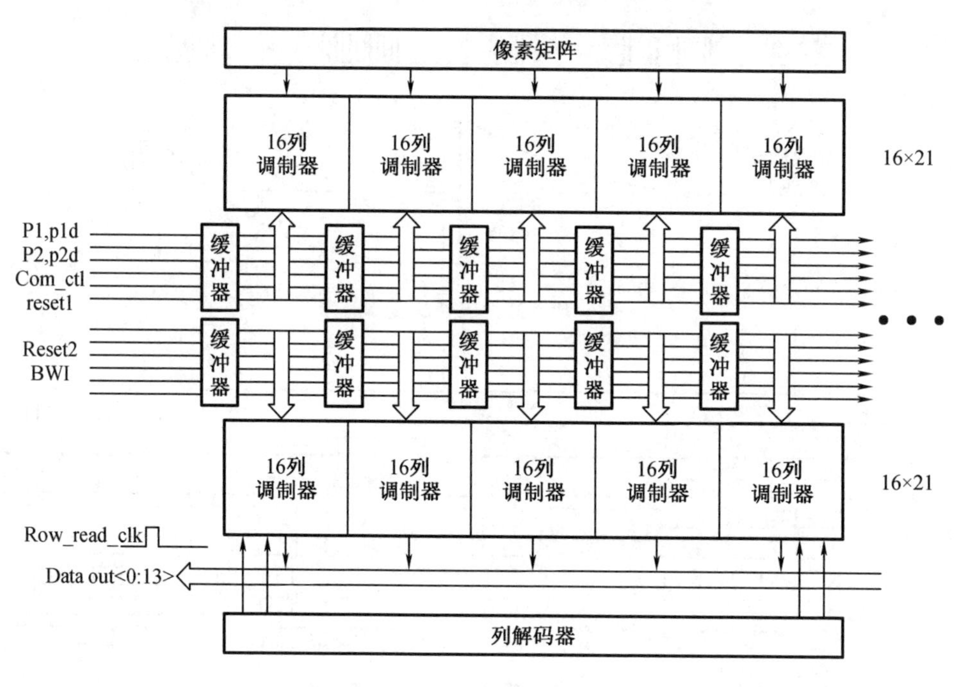

图 6.22　clk 缓冲器分布

实现延迟和驱动可以有两种方式，分别如图 6.23 和图 6.24 所示，第一种方式采用偶数个反相器同时实现延迟和驱动，第二种方式将延迟和驱动分开。在该电路中共需要产生 10 个时钟信号，而每一个信号的寄生电容是不相等的，如果采用第一种形式，每一级的 10 个信号具有不等的延迟时间，当累积到最后一级时，会导致这 10 个时钟信号之间的逻辑关系发生变化，而产生错误。在第二种形式中，每一个延迟单元驱动相同的负载电容，理想情况下每一级的 10 个信号都具有相等的信号延迟，可以保证累积到最后一级也都有相同的逻辑关系。

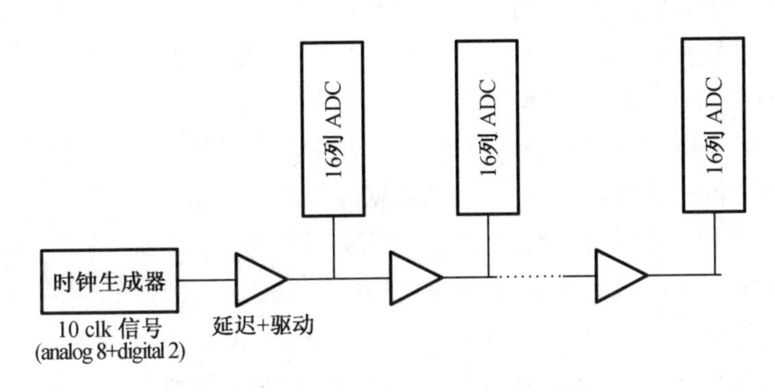

图 6.23　缓冲器直接实现延迟 + 驱动功能

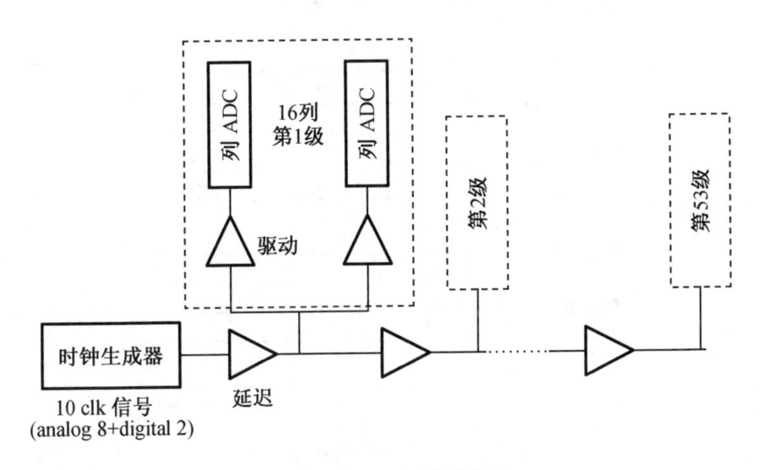

图 6.24　延迟和驱动分开

为了保证经过多级缓冲器后两相不交叠时钟的正常相位，每条信号线的延迟要完全一致，在后仿中会发现由于寄生的影响很难达到要求，而且延迟随着温度变化而变化。采取的改善方法是增大不交叠的宽度，同时使延迟单元的上升沿延迟大于下降沿延迟，这样经过多级延迟后，脉冲宽度会变小，可预防发生交叠现象。

6.4 码值读出方式

每一行完成转换后,在行读出信号的控制下,把滤波器中D触发器锁存的数据转移到锁存器中,滤波器再进行下一行的转换,同时在下一行转换时间内完成数字模块对所有列锁存器数据的读取。也就是说上一行数据的读取与下一行的转换是同时进行的,在一行的转换时间内,要将所有列的数据顺序读出。读数由列译码控制,在每个地址的中间进行采数,刚好是基准时钟的下降沿,也易于实现。由于所有列数据通过同一条数据线被采集,该数据线上寄生电容很大(如336列在0.8 pF左右),锁存器难以驱动,因此读数要采用两级开关选通的方式,并且要在输出端增加驱动,如图6.25所示。每16列为1组构成第一级开关,每一组由一个开关控制是否对该组数据进行读取。列译码采用二级译码方式,高位地址线产生第二级控制时序,低位地址线译码的信号与第二级控制时序相与生成第一级开关控制时序。版图设计中为了减少走线把锁存器和滤波器画在一起。

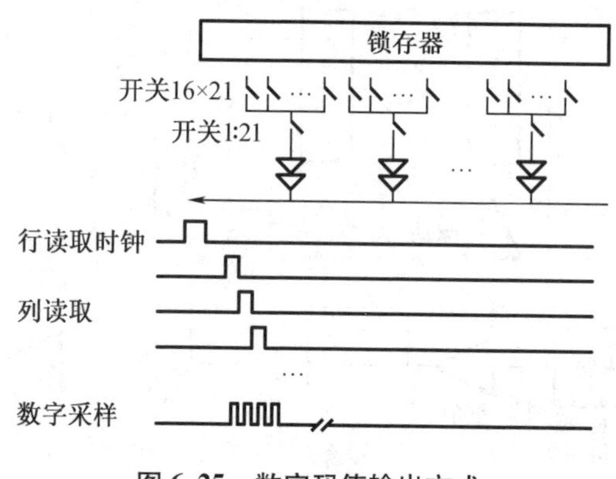

图6.25 数字码值输出方式

另外,在ADC正常工作时,如果像素输出复位和信号接近时,由于噪声等影响,CDS后ADC输出码值可能是一个负值,需要进行相应处理。采取的措施是先进行符号位判定,当最高位为1时,需要把该码值置为0,然后在低13 bit数据中选取8 bit数据输出;在8 bit选择过程中如果丢弃的高位中含有1时,则把该码值置为255,低位直接丢弃。具体8 bit的选择由一组寄存器进行控制。

在电路的具体实现中还存在以下几个问题。

(1)为了增大驱动能力,把作为驱动的两个反相器加在二级开关后,如图6.25

所示,在系统仿真时发现数据总线上出现竞争现象,因为开关闭合后,驱动的两个反相器在寄生电容作用下会保持原来状态,所以会有多个反相器支路对数据总线输出,修改方法是把二级开关放在驱动反相器后。

(2)数据延迟也是跟驱动相关。数字模块在列地址中间点对数据总线进行采样,因此必须保证在地址中间点处总线上的数据要建立完成。显然数据延迟包括行译码器和总线上数据建立的延迟。在有些情况下,数据延迟超过列地址一半,不能有效读数,采取的改进措施是增大二级开关尺寸以减小导通电阻,同时增大驱动反相器的驱动能力。

(3)行读出信号把所有 D 触发器中的数据读取到锁存器中,这时瞬间发生大量的数据传送,在电源线上导致非常大的峰值电流,因此也要把行读出的这个信号进行分组延迟处理,即每 16 列共用一行读出,接下来的 16 列的行读出是前一个信号的延迟,避免同时对所有列数据进行读取。

6.5 参考电压缓冲器设计

在该列 ADC CMOS 图像传感器中,共包括四个全局参考电压,分别为共模电平(VCM)、像素输出偏移电平(vbias)、Sigma-Delta ADC 反馈电压(vh、vl)。每一个电压都提供给所有列 ADC 工作。在同一行转换过程中,由于 ADC 同时工作,导致需要从这四个信号抽取很大的电流,同时,虽然设计中将每一列 ADC 的采样电容降至 50 fF,但当所有列同时工作时,所驱动的电容非常大,672 列达到了将近 200 pF。特别是每 16 列时钟作为一组,之间具有一定的延迟,会导致每一个时钟信号到来时,参考电压产生一定的跳变,所以只有等所有的延迟都结束,参考电压才能开始建立,留给参考电压建立的时间非常少,需要很大的带宽才可以。

另外,该缓冲器需要能够完成大范围电压的缓冲驱动,ADC 反馈电压 vh 的范围是 1.8 ~1.1 V,vl 的范围是 0 ~0.7 V,需要能够在 0 ~1.8 V 范围内具有轨到轨的输入输出特性。所以对于缓冲器的设计要求是能够驱动 200 pF 的大负载,具有较大的带宽,具有 0 ~1.8 V 输入和输出范围。

为了使输入共模信号可以低至 0 V,输入级采用了 PMOS 管做输入的折叠式共源共栅运放,为使输出级具有大的电流驱动能力,同时保持较小的静态功耗,第二级采用了推挽(push-pull)结构的输出级。

负载电容决定了第二极点位置,当负载电容增大,第二极点往原点方向移动,限制了单位增益带宽,减小了相位裕度,因此采用米勒补偿结构不适用。本项目采用栅极接地的共源共栅补偿方法，实现了该单位增益缓冲器，电路如图 6.26 所示。

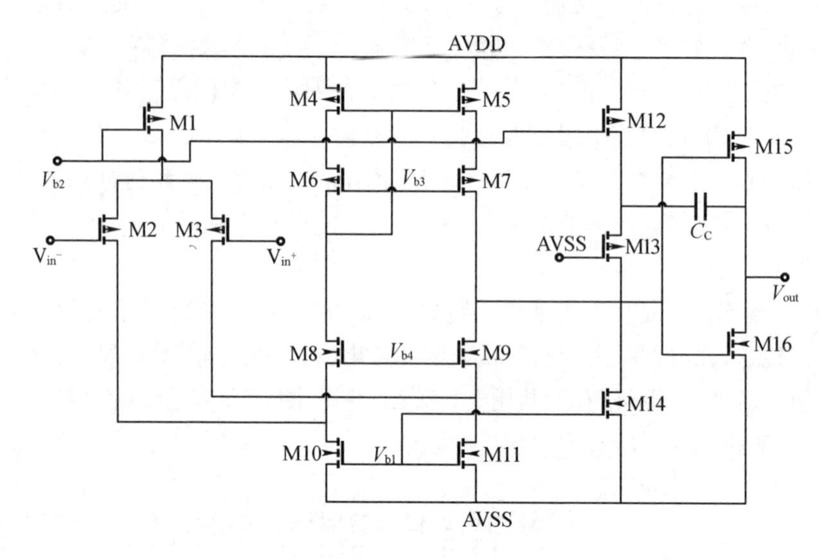

图 6.26 单位增益缓冲运放电路

M1 ~ M11 构成单端输出的折叠式共源共栅运放，M15、M16 构成推挽结构的输出级，M12 ~ M14 和补偿电容 C_C 提供稳定性补偿，其中 M13 的栅极接地，可以提高电路的负电源抑制比，此方法称为“栅极接地的共源共栅补偿技术”。其工作原理在前文已经介绍。

tt_corner 采用 200 pF、0.9 V 共模输入时运放的仿真结果如图 6.27 所示，其增益为106 dB，单位增益带宽为 28 MHz，相位裕度为 57.09°。

在 0.2 ~ 1.8V 共模输入情况下，采用 200 pF 和 100 pF 负载，运放的性能如表 6.2 和表 6.3 所示，可见在 100 pF 和 200 pF 负载时，当输入、输出共模大于 0.4 V 时都具有良好的性能。当输出共模低于 0.2 V 时，M16 管已经进入线形区，导致性能变差。

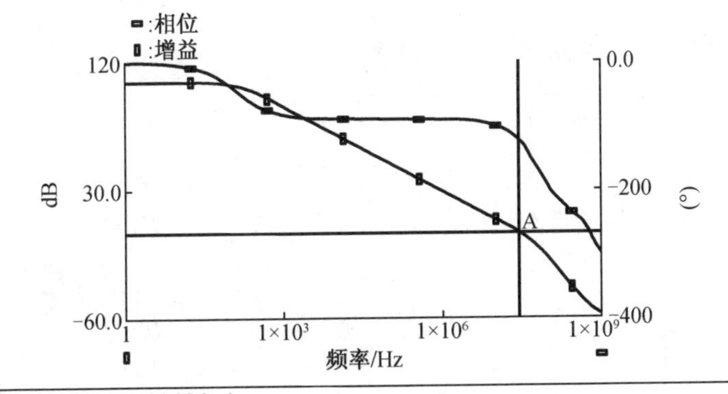

图 6.27 运放仿真结果

表 6.2 200 pF 负载不同共模时运放性能

共模输入电压/V	增益/dB	增益带宽/MHz	相位裕度/(°)	增益裕度/dB
0.2	53.94	8.57	41.26	24.32
0.4	70.72	19.7	51.42	20.26
0.6	89.03	24.6	56.11	15.24
0.8	99.53	26	56.81	14.49
0.9	102.4	27.3	56.9	14.33
1.0	104.4	27.9	56.94	14.21
1.2	106.5	27.9	56.97	14.03
1.4	106.9	27.9	56.99	13.89
1.6	106.7	27.9	57.04	13.87
1.8	104.2	27.9	57.22	13.68

表 6.3 100 pF 负载不同共模时运放性能

共模输入电压/V	增益/dB	增益带宽/MHz	相位裕度/(°)	增益裕度/dB
0.2	53.94	10.6	53.14	24.58
0.4	70.72	25.2	66.57	16.66

表6.3(续)

共模输入电压/V	增益/dB	增益带宽/MHz	相位裕度/(°)	增益裕度/dB
0.6	89.03	33.2	72.35	12.06
0.8	99.53	34.4	73.24	11.42
0.9	102.4	34.8	73.38	11.28
1.0	104.4	36.3	73.48	11.18
1.2	106.5	36.3	73.58	11.03
1.4	106.9	36.3	73.68	10.9
1.6	106.1	36.3	73.82	10.8
1.8	104.2	36.3	74.09	10.71

6.6 本章小结

本章在介绍 Incremental Sigma-Delta ADC 工作原理的基础上，介绍了二阶 Incremental Sigma-Delta ADC 设计，采用了简单反相器作为运放，数字积分器作为滤波器，详细分析了反相器作为运放存在的问题及解决方案，分析了数字滤波器的设计方法，并对各个模块进行了详尽的仿真分析。

参考文献

[1] CHAO K C,NADEEM S,LEE W L, et al. A higher order topology for interpolatative modulators for oversampling a/d conversion[J]. IEEE Transactions on Circuits and Systems,1990, 4(3): 309-318.

[2] YIN G,SANSEN W. A high frequency and high-resolution fourth-order sigma-delta a/d converter in bicmos technology[J]. IEEE J of Solid-State Circuits,1994, 29(8): 857-865.

[3] YAZDI N,AYAZI F,NAJAFI K. Micromachined inertial sensors[J]. Proceeding IEEE Aug, 1998, 86(8):1640-1659.

[4] RISTIC L J,GUTTERIDGE R,DUNN B, et al. Surface micromachined polysilicon accelerometer[J]. Proceeding IEEE Solid-State Sensor and Actuator Workshop, 1992,1(20): 118-121.

[5] MIR S, RUFER L, DHAYNI A. Built-in self-test techniques for mems[J]. Microelectronics Journal,2006, 37(12): 1591-1597.

[6] GABRIELSON T B. Mechanical-thermal noise in micromachined acoustic and vibration sensors[J]. IEEE Transactions actions on Electron Devices,1993,40(5): 903-909.

[7] RAZAVI B. 模拟 CMOS 集成电路设计[M]. 陈贵灿, 程军, 张瑞智,译. 西安: 西安交通大学出版社,2002.

[8] OLIAEI O. Thermal noise analysis of multi-input sc-integrators for delta-sigma modulator design[J]. Proceeding of IEEE , 2000(6): 425-428.

[9] WONG S L,SALAMA T. A switched differential op-amp with low offset and reduced 1/f noise. IEEE Transactions on Circuits and Systems[J]. 1986, 33 (11): 1119-1127.

[10] ATHERTON J H,SIMMONDS H T. An offset reduction technique for use with cmos integrated comparators and amplifiers[J]. IEEE J of Solid-State Circuit, 1992, 27(8): 1168-1175.

[11] AALTONEN L,HALONEN K. High resolution analog-to-digital converter for low frequency high voltage signals[J]. Proceeding of IEEE Int. Conf. Electronics Circuits and Systems, 2008,3(6):1245-1248.

[12] LEE T H,CHO G,KIM H J. Analysis of 1/f noise in cmos preamplifier with cds circuit[J]. IEEE Transactions on Nuclear Science,2002, 49(4): 1819-1823.

[13] PIMBLEY J M,MICHON G J. The output power spectrum produced by correlated double sampling[J]. IEEE Transactions on Circuits and Systems,1991, 38(9): 1086-1090.

[14] KLUMPERINK A M,GIERKINK L J, NAUTA B. Reducing mosfet 1/f noise and power consumption by switched biasing[J]. IEEE Journal of Solid-State Circuits,2000, 35(7): 994-1001.

[15] HYNECEK J. Cds noise reduction of partially reset charge-detection nodes[J]. IEEE Transactions on Circuits and Systems, 2002, 49(3): 276-280.

[16] DONG Y,KRAFT M,WHITE W R. Higher order noise-shaping filters for high-performance micromachined accelerometers[J]. IEEE Transactions on Instrumentation and Measurement,2007, 56(5): 1666-1674.

[17] ARDALAN S H,PAULOS J J. An analysis of nonlinear behavior in delta-sigma modulators[J]. IEEE Transactions on Circuit and Systems,1987, 34(6): 593-603.

[18] 裴润, 宋申民. 自动控制原理[M]. 哈尔滨:哈尔滨工业大学出版社,2006.

[19] LOTA J,JANABI M A,KALE I. Nonlinear-stability analysis of higher order δσ modulators for dc and sinusoidal inputs [J]. IEEE Transactions on Instrumentation and Measurement,2008, 57(3): 530-542.

[20] AHUJA B K. An Improved frequency compensation technique for cmos operational amplifiers[J]. IEEE Journal of Solid-State Circuits,1983,18(6):629-633.

[21] HEIN S,ZAKHOR A. On the stability of sigma delta modulators[J]. IEEE Transactions on Signal Processing,1993, 41(7): 2332-2348.

[22] ALDAJANI M A,SAYED A H. Stability and performance analysis of an adaptive sigma-delta modulator[J]. IEEE Transactions on Circuits and Systems,2001, 48(3): 233-244.

[23] SADIK A Z, HUSSAIN Z M, YU X, et al. An approach for stability analysis of a single-bit high-order digital sigma-delta modulator [J]. Digital Signal Processing, 2007, 17(6): 1040-1054.

[24] YAZDI N. Micro-g silicon accelerometers with high performance cmos interface circuitry[D]. Ann Arbor: University of Michigan. 1999.

[25] REEFMAN D,REISS J,JANSSEN E, et al. Description of limit cycles in sigma-delta modulators[J]. IEEE Transactions on Circuits and Systems, 2005, 52(6): 1211-1223.

[26] FEDDER G K,HOWE R T. Multimode digital control of a suspended polysilicon microstructure[J]. Journal of Microelectromechanical Systems,1996, 5(4): 283-297.

[27] BAIRD R T,FIEZ T S. Stability analysis of high-order delta-sigma modulation for ADC's[J]. IEEE Transactions on Circuits and Systems,1994, 41(1): 59-62.

[28] CHEN W P, CHEN H, LIU X W, et al. A hybrid micro-accelerometer system with CMOS readout circuit and self-test function[C]//Proc SPIE 6040, ICMIT 2005: Mechatronics, MEMS, and Smart Materials, 2006: 19-23.

[29] ANDREWS M K,HARRIS P D. Damping and gas viscosity measurements using a microstructure[J]. Sensors and Actuators A: Physical, 1995, 49(1/2): 103-108.

[30] ZHAO C,KAZMIERSKI T J. Analysis of sense finger dynamics for accurate sigma-delta mems accelerometer modelling in vhdl-ams [J]. Forum on Specification & Design Language,2010,1(5): 1-4.

[31] JIANG X,SEEGER J I,KRAFT M, et al. A Monolithic surface micromachined accelerometer with digital output [J]. Proceedings of Symposium on VLSI Circuits,2000,2(3):16-19.

[32] WU J, FEDDER G K,CARLEY L R. A low-noise low-offset chopper stabilized capacitive readout amplifier for cmos mems accelerometers[J]. IEEE Solid-State Circuits Conference,2002,7(8): 428-429.

[33] WU J,FEDDER G K,CARLEY L R. A low-noise low-offset capacitive sensing amplifier for a $50\mu g/Hz^{\frac{1}{2}}$ monolithic cmos mems accelerometer [J]. IEEE Journal of Solid-State Circuits, 2004, 39(5): 722-730.

[34] CHAE J,KULAH H,NAIAFI K. A cmos-compatible high aspect ratio silicon-on-glass in-plane micro-accelerometer [J]. Journal of Micromechanics and Microengineering, 2005, 15(2): 336-345.

[35] AALTONEN L,HALONEN K. Continuous-time interface for a micromachined capacitive accelerometer with nea of 4g and bandwidth of 300Hz[J]. Sensors and Actuators A: Physical, 2009, 154(1): 46-56.

[36] HENRION W, DISANZA L, IP M, et al. Wide dynamic range direct digital accelerometer[J]. IEEE Solid-State Sensor and Actuator Workshop, 1990,5(6): 153-157.

[37] LEMKIN M,BOSER B E. A three-axis micromachined accelerometer with a cmos position-sense interface and digital offset-trim electronics [J]. IEEE Journal of Solid-State Circuits, 1999, 34(4): 456-468.

[38] KRAFT M, LEWIS C,HESKETH T, et al. A novel micromachined accelerometer capacitive interface[J]. Sensors and Actuators A: Physical, 1998, 68(1/2/3): 466-473.

[39] HANDTMANN M, AIGNER R, MECKES A, et al. Sensitivity enhancement of mems inertial sensors using negative springs and active control[J]. Sensors and Actuators A: Physical, 2002, 97/98(2): 153-160.

[40] KULAH H, CHAE J, YAZDI N, et al. Noise analysis and characterization of a sigma-delta capacitive microaccelerometer [J]. IEEE Journal of Solid-State Circuits, 2006, 41(2): 352-361.

[41] GOMEZ J M, BOTA S A, MARCO S, et al. Force-balance interface circuit based on floating mosfet capacitors for micro-machined capacitive accelerometers [J]. IEEE Transactions on Circuits and Systems II: Express Briefs, 2006, 53(7): 546-552.

[42] PETKOV V P, BOSER B E. A fourth-order sigma-delta interface for micromachined inertial sensors[J]. IEEE Journal of Solid-State Circuits, 2005, 40(8): 1602-1609.

[43] AMINI B V,ABDOLVAND R, AYAZI F. A 4.5 mw closed-loop δσ micro-gravity cmos soi accelerometer[J]. IEEE Journal of Solid-State Circuits, 2006, 41(12): 2983-2991.

[44] WU J F,CARLEY L R. Electromechanical sigma-delta modulation with high-q micromechanical accelerometers and pulse density modulated force feedback [J]. IEEE Transactions on Circuits and Systems, 2006, 53(2): 274-287.

[45] DONG Y,KRAFT M,GOLLASCH C, et al. A high-performance accelerometer with a fifth-order sigma-delta modulator [J]. Journal of Micromechanics and Microengineering, 2005, 15(7): S22-S29.

[46] DONG Y, KRAFT M,WHITE W R. Force feedback linearization for higher-

order electromechanical sigma-delta modulators[J]. Journal of Micromechanics and Microengineering, 2006, 16(6): S54-S60.

[47] JIANG X. Capacitive position-sensing interface for micromachined inertial sensors[D]. Berkeley: University of California, 2003.

[48] PETKOV V P, BOSER B E. High-order electromechanical σδ modulation in micromachined inertial sensors[J]. IEEE Transactions on Circuits and Systems, 2006, 53(5): 1016-1022.

[49] LEMKIN M A. Micro accelerometer design with digital feedback control[D]. Berkeley: University of California, 1997.

[50] SOEN J, VODA A, CONDEMINE C. Controller design for a closed-loop micromachined accelerometer[J]. Control Engineering Practice, 2007, 15(1): 57-68.

[51] BOSER B E, HOWE R T. Surface micromachined accelerometers[J]. IEEE Journal of Solid-State Circuits, 1996, 31(3): 366-375.

[52] BURSTEIN A. Highly-sensitive single and dual axis high aspect ratio accelerometers with a cmos precision interface circuit[D]. Los Angeles: University of California, 1999.

[53] SEEGER J, JIANG X, KRAFT M. Sense finger dynamics in a sigma-delta feedback gyroscope[J]. Digest of Solid State Sensor and Actuator Workshop, 2000, 2(8): 296-299.

[54] ZHAO C X, WANG L R, KAZMIERSKI T J. An efficient and accurate mems accelerometer model with sense finger dynamics for applications in mixed-technology control loops[C]//2007 IEEE International Behavioral Modeling and Simulation Workshop. San Jose, CA, USA. IEEE, 2008: 143-147.

[55] PEDERSEN C, SESHIA A. On the optimization of compliant force amplifier mechanisms for surface micromachined resonant accelerometers[J]. Journal of Micromechanics and Microengineering, 2004, 14(10): 1281-1293.

[56] HOULIHAN R, KRAFT M. Modelling squeeze film effects in a mems accelerometer with a levitated proof mass[J]. Journal of Micromechanics and Microengineering, 2005, 15(5): 893-902.

[57] Aaltonen L, Rahikkala P, Saukoski M, et al. High-resolution continuous-time interface for micromachined capacitive accelerometer[J]. International Journal of Circuit Theory and Applications, 2009, 37(2): 333-349.

[58] NORSWORTHY S R, SCHREIER R, TEMES G G. Delta-sigma data converters:

theory, design, and simulation[M]. New York: IEEE Press,1997.

[59] BOURDOPOULOS G I, PNEVMATIKAKIS A, ANASTASSOPULOS V. Delta-sigma modulators[M]. London: Imperial College Press,2003.

[60] KAJITA T, MOON U, TEMES G C. A noise-shaping accelerometer interface circuit for two-chip implementation [J]. IEEE International Symposium on Circuits and Systems, 2000,2(8) : 337-340.

[61] AMINI B V. A mixed-signal low-noise sigma-delta interface ic for integrated sub-micro-gravity capacitive soi accelerometers [D]. Atlanta: Georgia Institute of Technology,2006.

[62] CHOPP P M, HAMOUI A A. Analysis of clock-jitter effects in continuous-time δσ modulators using discrete-time models[J]. IEEE Transactions on Circuits and Systems,2009, 56(6):1134-1145.

[63] SUAREZ G,JIMENEZ M,FERNANDEZ F O. Behavioral modeling methods for switched-capacitor ΣΔ modulators [J]. IEEE Transactions on Circuits and Systems,2007, 54(6):1236-1244.

[64] HOSEINI H Z,KALE I,SHOAEI O. Modeling of switched-capacitor delta-sigma modulators in Simulink [J]. IEEE Transactions on Instrumentation and Measurement, 2005, 54(4): 1646-1654.

[65] MALCOVATI P,BRIGATI S,FRANCESCONI F, et al. Behavioral modeling of switched-capacitor sigma-delta modulators[J]. IEEE Transactions on Circuits and Systems I: Fundamental Theory and Applications, 2003, 50(3): 352-364.

[66] BÉNABÈS P, KIELBASA R. A clock-jitter simulation in continuous-time delta-sigma modulators[J]. Instrumentation and Measurement Technology Conference, 2001,3(3): 1587-1590.

[67] PUERS R, REYNTJENS S. Rast—real acceleration for self-test accelerometer: a new concept for self-testing accelerometers[J]. Sensors and Actuators A, 2002,3(97-98): 359-368.

[68] PARK D,RHEE J,JOO Y. A wide dynamic-range cmos image sensor using self-reset technique[J]. IEEE Electron Device Letters, 2007, 28(10): 890-892.

[69] MARKUS J,SILVA J,TEMES G C. Theory and applications of incremental ΔΣ converters[J]. IEEE Transactions on Circuits and Systems,2004, 51(4): 678-690.

[70] CHAE Y,HAN G. Low voltage, low power, inverter-based switched-capacitor

delta-sigma modulator[J]. IEEE Journal of Solid-State Circuits, 2009, 44(2): 458-472.

[71] ROBERT J, DEVAL P. A second-order high-resolution incremental A/D converter with offset and charge injection compensation[J]. IEEE Journal of Solid-State Circuits, 1988, 23(3): 736-741.

[72] SILVA J, MOON U K, STEENSGAARD J, et al. A wideband low-distortion delta-sigma adc topology[J]. Electronics Letters, 2001, 37(12): 737.

[73] HOSTICKA B J. Dynamic cmos amplifiers[J]. IEEE Journal of Solid-State Circuits, 1979, 14(6): 1111-1114.

[74] KWON M, CHAE Y, HAN G. Sub-μ wswitched-capacitor circuits using class-c inverter[J]. IEICE Transactions Fundamentals, 2005, E88-A(5): 1313-1319.

[75] VELDHOVEN R H, RUTTEN R, BREEMS I J. An inverterbased hybrid sigma-delta modulator[J]. IEEE Int. Solid-State Circuits Conf. Dig, 2008, 2(3): 492-493.

[76] DEB N, BLANTON R D. Built-in self-test of mems accelerometers[J]. Journal of Microelectromechanical Systems, 2006, 15(1): 52-68.

[77] CHAE Y, HAN G. Low voltage low power inverter-based switched-capacitor delta-sigma modulator[J]. IEEE Journal of Solid-State Circuits, 2009, 44(2): 458-472.

[78] PARK J H, AOYAMA S, WATANABE T, et al. A high-speed low-noise cmos image sensor with 13-b column-parallel single-ended cyclic adcs[J]. IEEE Transactions on Electron Devices, 2009, 56(11): 2414-2422.

[79] MASE M, KAWAHITO S, SASAKI M, et al. A wide dynamic range cmos image sensor with multiple exposure-time signal outputs and 12-bit column-parallel cyclic a/d converters[J]. IEEE Journal of Solid-State Circuits, 2005, 40(12): 2787-2795.

[80] 幸新鹏, 李冬梅, 王志华. CMOS 带隙基准源研究现状[J]. 微电子学, 2008, 38(1): 57-63.

[81] MILLER P, MOORE D. Precision voltage reference[J]. Analog Application Journal, 1999, 3(11): 1-4.

[82] Buck A E. A cmos band-gap reference without resistors[J]. IEEE Journal of Solid-State Circuits, 2002, 37(1): 81-83

[83] FULDE M, WIRNSHOFER M, KNOBLINGER G. Design of low-voltage band-gap

reference circuits in multi-gate cmos technologies [J]. IEEE International Symposium on Circuits and Systems, 2009,1(2): 2537-2540.

[84] LIU Z, CHENG Y. A sub-1v cmos bandgap reference with high-order curvature compensation[J]. IEEE International Conference of Electron Devices and Solid-State Circuits,2009,1(3): 441-444.

[85] SENGUPTA S, CARASTRO L,ALLEN P E. Design considerations in band-gap references over process variations[J]. IEEE International Symposium on Circuits and Systems, 2005,2(3): 3869- 3872.

[86] KUO B C, GOLNARAGHI F. Automatic control system[J]. John Wiley & Sons, Inc. 2003,3(23): 397-496.

[87] CHAN P K, CHEN Y C. Gain-enhanced feed-forward path compensation technique for pole-zero cancellation at heavy capacitive loads [J]. IEEE Transactions on Circuits and Systems,2003, 50(12):933-941.